U0248366

机床电气控制技术项目化教程

主编 李楠

北京理工大学出版社
BEIJING INSTITUTE OF TECHNOLOGY PRESS

图书在版编目（CIP）数据

机床电气控制技术项目化教程/李楠主编. 一北京：北京理工大学出版社，2016.8

ISBN 978-7-5682-2899-2

Ⅰ．①机…　Ⅱ．①李…　Ⅲ．①机床—电气控制—高等院校—教材

Ⅳ．①TG502.35

中国版本图书馆 CIP 数据核字（2016）第 199491 号

出版发行 / 北京理工大学出版社有限责任公司

社　　址 / 北京市海淀区中关村南大街 5 号

邮　　编 / 100081

电　　话 / （010）68914775（总编室）

　　　　　（010）82562903（教材售后服务热线）

　　　　　（010）68948351（其他图书服务热线）

网　　址 / http://www.bitpress.com.cn

经　　销 / 全国各地新华书店

印　　刷 / 北京富达印务有限公司

开　　本 / 787 毫米×1092 毫米　1/16

印　　张 / 12.5　　　　　　　　　　　　　　责任编辑 / 张旭莉

字　　数 / 297 千字　　　　　　　　　　　　文案编辑 / 张旭莉

版　　次 / 2016 年 8 月第 1 版　2016 年 8 月第 1 次印刷　　责任校对 / 周瑞红

定　　价 / 41.00 元　　　　　　　　　　　　责任印制 / 马振武

前 言

　　我国高等教育的根本任务是培养适合我国现代化建设和经济发展的高等技术应用人才，所以高等教育的教学过程应根据专业要求将理论联系实践、知识与能力有机地结合起来，达到学以致用的目的。本书正是一本注重技术应用训练，以项目为主线，以具体的工作任务为载体，以相关的实践知识为重点的教材。

　　本书在内容选择上，以企业岗位工作任务为依据，突出基本技能和综合职业能力培养，主要包括：直流电机的使用与检修、变压器的维护与检修，交流电动机的使用与检修，常用低压电器的选择与使用，电动机典型控制线路的安装与检修，典型机床控制线路的装调与检修6个典型项目，14个具体任务。各部分内容均从任务角度进行阐述，注重理论联系实际，通过对典型应用实例进行分析，强化对学生职业能力的培养与训练，以期培养学生分析、解决生产实际问题的能力。

　　由于编者水平和实践经验有限，加之时间仓促，书中疏漏和不足之处在所难免，恳请有关专家和广大读者批评指正。

编　者

Contents

目 录

目 录

Contents

目 录

项目1 直流电动机的使用与检修

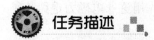

任务描述

现有一台出现故障的 Z3-42 型直流电动机，要求工程技术人员维修这台电动机。

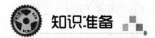

知识准备

1.1.1 直流电动机的基本原理与结构

1. 直流电动机的工作原理

图 1-1 为直流电动机的工作原理示意图。

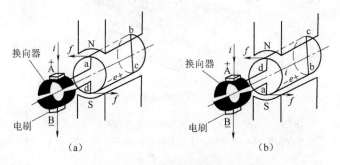

图 1-1 直流电动机的工作原理示意图

图 1-1 中：N、S——定子磁极，用以产生磁场。容量较小的电动机定子磁极由永久磁铁构成，容量较大的电动机定子磁极由绕在磁极铁心上的绕组（称为励磁绕组）通以直流电流（称为励磁电流）构成。

abcd——电枢绕组（图中只画出一匝），安放在能绕轴旋转的圆柱形铁心（称为电枢铁心）表面的槽内。

换向器——互相绝缘并可随电枢绕组一同旋转的铜片，连接电枢绕组的首端 a 和末端 d。

A、B——炭质电刷，压在换向片上与其滑动接触。

在两个电刷间加一直流电源，当导体 ab 靠近 N 极，cd 靠近 S 极时，电枢电流方向为电刷 A→与电枢绕组的首端 a 连接的换向片→电枢绕组 a→b→c→d→与电枢绕组的末端 d 连接的换向片→电刷 B。根据电磁力定律，用左手定则可确定通电导体 ab 和 cd 在磁场中所受电磁力的方向为上（ab）左、下（cd）右，这两个电磁力形成的电磁转矩方向为逆时针，电动机按逆时针方向旋转，如图 1-1（a）所示。

当导体 cd 转到靠近 N 极，ad 靠近 S 极时，电枢电流方向为电刷 A→与电枢绕组的末端 d 连接的换向片→电枢绕组 d→c→b→a→与电枢绕组的首端 a 连接的换向片→电刷 B。用左手定则可确定通电导体 ab 和 cd 在磁场中所受电磁力的方向为上（cd）左、下（ab）右，电磁转矩方向仍为逆时针，电动机仍按逆时针方向旋转，如图 1-1（b）所示，如此周而复始。

改变电枢电流方向、磁场方向（可通过改变励磁电流方向实现）两者中的任意一个，都能改变直流电动机的旋转方向。

由此可见，直流电动机是基于通电导体在磁场中会受到电磁力作用这一电磁力定律，利用换向器和电刷使电动机沿固定方向旋转的。

2．直流电动机的结构

直流电动机主要由定子（固定不动）与转子（旋转）两大部分组成，定子与转子之间有一个较小的空气间隙（简称"气隙"），其结构如图 1-2 所示。

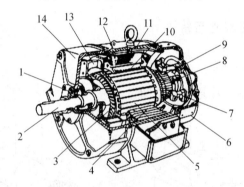

图 1-2　直流电动机的结构

1—轴承；2—轴；3—电枢绕组；4—换向极绕组；5—电枢铁心；6—后端盖；7—刷杆座；
8—换向器；9—电刷；10—主磁极；11—机座；12—励磁绕组；13—风扇；14—前端盖

1）定子部分

定子部分包括机座、主磁极、换向极、端盖、电刷等装置，主要用来产生磁场和起机械支撑作用。

（1）机座。机座既可以固定主磁极、换向极、端盖等，又是电动机磁路的一部分（称为磁轭）。机座一般用铸钢或厚钢板焊接而成，具有良好的导磁性能和机械强度。

（2）主磁极。主磁极的作用是产生气隙主磁场，它由主磁极铁心和主磁极绕组（励磁绕组）构成，如图 1-3 所示。主磁极铁心一般由 1.0～1.5mm 厚的低碳钢板冲片叠压而成，包括极身和极靴两部分。极靴做成圆弧形，以使磁极下气隙磁通较均匀。极身外边套着励磁绕组，绕组中通入直流电流。整个磁极用螺钉固定在机座上。

（3）换向极。换向极用来改善换向，减少由于直流电动机换向而造成的换向火花。换向极由铁心和套在铁心上的绕组构成，如图 1-4 所示。铁心一般用整块钢制成，如换向要求较高，则用 1.0～1.5mm 厚的钢板叠压而成；因其绕组中流过的是电枢电流，故绕组多用扁平铜线绕制而成。换向极装在相邻两主磁极之间，用螺钉固定在机座上。

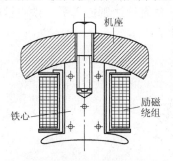

图 1-3　直流电动机的电枢绕组

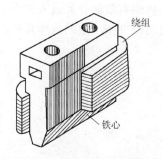

图 1-4　直流电动机的换向绕组

（4）电刷装置。电刷与换向器配合可以把转动的电枢绕组和外电路连接。电刷装置由电刷、刷座、刷杆、刷杆座、弹簧、铜辫构成，如图 1-5 所示。电刷通常采用炭刷、石墨刷和金属石墨刷，其个数一般等于主磁极的个数。电刷被安装在刷座上。

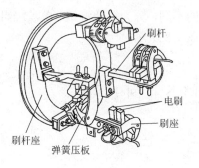

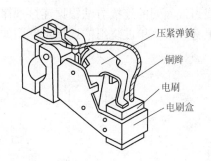

图 1-5　直流电动机的电刷装置

2）转子部分

转子部分包括电枢铁心、电枢绕组、换向器、转轴、风扇等部件，其主要作用是产生感应电动势和电磁转矩。

（1）电枢铁心。电枢铁心除了用来嵌放电枢绕组外，还是电动机磁路的一部分。为嵌放电枢绕组，电枢铁心的外圆周开槽；为了减少涡流损耗，电枢铁心一般用 0.5mm 厚、两边涂有绝缘漆的硅钢片叠压而成；为加强冷却，当铁心较长时，可把电枢铁心沿轴向分成数段，段与段之间留有通风孔，如图 1-6 所示。电枢铁心固定在转轴或电枢支架上。

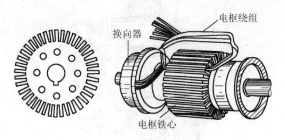

图 1-6　电枢铁心

（2）电枢绕组。电枢绕组是产生感应电动势和电磁转矩的关键部件。电枢绕组通常用绝缘导线绕成多个形状相同的线圈，按一定规律连接而成。它的一条有效边（因切割磁力线而感应电动势的有效部分）嵌入某个铁心槽的上层，另一条有效边则嵌入另一铁心槽的下层，两个引出端分别按一定的规律焊接到换向片上，如图 1-7 所示。

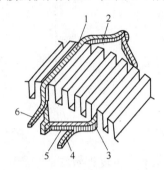

图 1-7　线圈在槽内安放示意图

1—上层有效边；2、5—端接部分；3—下层有效边；4—线圈尾端；6—线圈首端

电枢绕组线圈间的连接方法根据连接规律的不同，分为单叠绕组、单波绕组和混合绕组等。其中单叠绕组、单波绕组的连接示意图如图 1-8 所示。

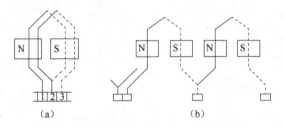

图 1-8　单叠绕组、单波绕组的连接示意图

（a）单叠绕组；（b）单波绕组

（3）换向器。换向器又称为整流子，通过与电刷滑动接触，将加于电刷之间的直流电流变成绕组内部方向可变的电流，以形成固定方向的电磁转矩。换向器由多个片间相互绝缘的换向片组合而成，电枢绕组每个线圈的两端分别接至两个换向片上，如图 1-9 所示。换向器固定在转轴的一端。

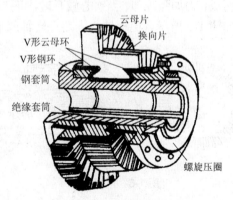

图 1-9　换向器

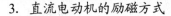

3. 直流电动机的励磁方式

磁场是电动机产生感应电动势和电磁转矩不可缺少的因素，绝大多数直流电动机的磁场都是由主磁极励磁绕组中通入的直流电流产生的。所谓直流电动机的励磁方式，是指供给励磁绕组电流的方式，直流电动机的励磁方式有并励、串励、他励、复励四种。

（1）并励。如图 1-10（a）所示，电枢绕组和励磁绕组并联，由同一电源供电。电源电流 I、电枢电流 I_a、励磁电流 I_f 之间的关系是 $I=I_a+I_f$。

（2）串励。如图 1-10（b）所示，电枢绕组和励磁绕组串联，由同一电源供电。电源电流 I、电枢电流 I_a、励磁电流 I_f 之间的关系是 $I=I_a=I_f$。

（3）他励。如图 1-10（c）所示，励磁绕组由与电枢绕组供电电源无关的其他电源供电。电源电流 I、电枢电流 I_a、励磁电流 I_f 之间的关系是 $I=I_a$；I_f 与 I、I_a 无关。

（4）复励。如图 1-10（d）所示，励磁绕组有两个：一个匝数少而线径粗，与电枢绕组串联；另一个匝数多而线径细，与电枢绕组并联，由同一电源供电。复励是串励和并励两种励磁方式的结合。

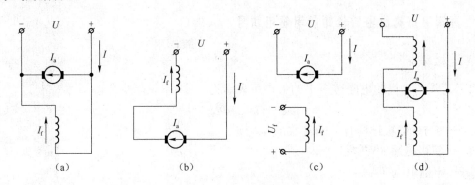

图 1-10　直流电动机的励磁方式

（a）并励；（b）串励；（c）他励；（d）复励

不同的励磁方式对直流电动机的运行性能有很大的影响，直流电动机的励磁方式主要采用他励、并励和复励，很少采用串励方式。

4. 直流电动机的铭牌数据

铭牌数据主要包括电机型号、额定功率、额定电压、额定电流、额定转速、额定励磁电压和额定励磁电流及励磁方式等。

（1）电机型号。电机型号表示电机的结构和使用特点，国产电机的型号一般用大写汉语拼音字母和阿拉伯数字表示，其格式：第一部分字符用大写的汉语拼音表示产品代号；第二部分字符用阿拉伯数字表示设计序号；第三部分字符是机座代号，用阿拉伯数字表示；第四部分字符表示电枢铁心长度代号，用阿拉伯数字表示。

现以型号 Z3-42 为例说明如下：

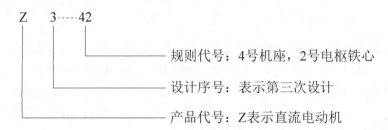

规则代号：4号机座，2号电枢铁心

设计序号：表示第三次设计

产品代号：Z表示直流电动机

（2）额定功率 P_N。电动机在额定工作条件下轴上输出的机械功率，单位为 W 或 kW。

（3）额定电压 U_N。指在额定工作条件下，电刷两端输入的电压，单位为 V 或 kV。

（4）额定电流 I_N。指在额定电压下，电源输入电动机的电流，单位为 A 或 kA。

（5）额定转速 n_N。指在额定工作条件下，电动机的转速，单位为 r/min。

（6）额定励磁电压 U_{fN}。指电源输入励磁绕组的允许电压，单位为 V 或 kV。

（7）额定励磁电流 I_{fN}：指电源输入励磁绕组的允许电流，单位为 A 或 kA。

此外，铭牌上还标有额定效率 n_N、额定转矩 T_N、励磁方式、绝缘等级和电动机质量等。

1.1.2 直流电动机的电磁转矩和电枢电动势

1. 电磁转矩

（1）直流电动机的电磁转矩 T 的大小可表示为

$$T=C_T\varPhi I_a \tag{1-1}$$

式中 C_T——与电动机结构有关的常数；

$\varPhi$——每极磁通（Wb）；

I_a——电枢电流（A）；

T——电磁转矩（N·m）。

（2）直流电动机的转矩 T 与转速 n 及轴上输出功率 P 的关系式为

$$T=9550\frac{P}{n} \tag{1-2}$$

式中 P——电动机轴上的输出功率（kW）；

n——电动机转速（r/min）；

T——电动机电磁转矩（N·m）。

2. 电枢电动势

直流电动机电枢电动势的大小为

$$E_a=C_e\varPhi n \tag{1-3}$$

式中 C_e——与电动机结构有关的另一常数；

$\varPhi$——每极磁通（Wb）；

n——电动机转速（r/min）；

E_a——电枢电动势（V）。

如图 1-11 所示，直流电动机在旋转时，电枢电动势 E_a 的大小与每极磁通 Φ 和电动机转速 n 的乘积成正比，它的方向与电枢电流方向相反，在电路中起着限制电流的作用。

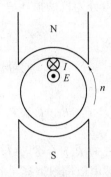

图 1-11　电枢电动势和电流

1.1.3　他励直流电动机的运行原理与机械特性

图 1-12 为一台他励直流电动机的结构示意图和电路图。

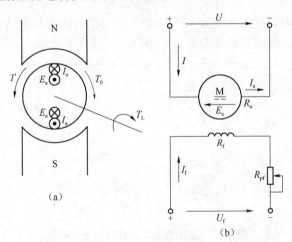

图 1-12　他励直流电动机的结构示意图和电路图

（a）结构示意图；（b）电路图

各物理量正方向的规定如图 1-12 所示：电枢电动势 E_a 为反电动势，与电枢电流 I_a 方向相反；电磁转矩 T 为拖动转矩，方向与电动机转速 n 的方向一致；T_L 为负载转矩；T_0 为空载转矩，方向与 n 的方向相反。

1. 直流电动机的基本方程式

$$U=E_a+I_aR_a \tag{1-4}$$

式中 U——电枢电压（V）；

　　I_a——电枢电流（A）；

　　R_a——电枢电阻（Ω）。

2. 功率平衡方程式

（1）直流电动机的损耗按其性质可分为机械损耗 P_m、铁心损耗 P_{Fe}、铜损 P_{Cu} 和附加损耗 P_s。

空载损耗 P_0 为

$$P_0 = P_m + P_{Fe} \tag{1-5}$$

直流电动机的总损耗 $\sum P$ 为

$$\sum P = P_m + P_{Fe} + P_{Cu} + P_s$$

（2）直流电动机输入的电功率为

$$P_1 = UI = UI_a = (E_a + I_a R_a) I_a = E_a I_a + I_a^2 R_a = P_{em} + P_{Cua}$$

上式说明：输入的电功率一部分被电枢绕组消耗（电枢铜损），一部分转换成机械功率。

（3）直流电动机输出的机械功率为

$$P_2 = P_{em} - P_{Fe} - P_m - P_s = P_{em} - P_0 - P_S = P_1 - \sum P \tag{1-6}$$

（4）直流电动机的效率为

$$\eta = \frac{P_2}{P_1} \times 100\% = \frac{P_2}{P_2 + \sum P} \times 100\% \tag{1-7}$$

一般中小型直流电动机的效率为 $75\% \sim 85\%$，大型直流电动机的效率为 $85\% \sim 94\%$。

（5）他励直流电动机的功率平衡关系可用功率流程图来表示，如图 1-13 所示。

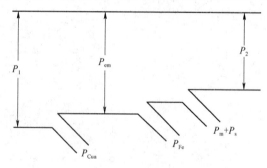

图 1-13　他励直流电动机的功率流程图

【例 1-1】已知某直流电动机铭牌数据如下：额定功率 $P_N = 75kW$，额定电压 $U_N = 220V$，额定转速 $n_N = 1500r/min$，额定效率 $\eta_N = 88.5\%$，试求该电动机的额定电流。

解：对于直流电动机，有

$$P_N = U_N \cdot I_N \cdot \eta_N$$

故该电动机的额定电流为

$$I_N = \frac{P_N}{U_N \cdot \eta_N} = \frac{75000}{220 \times 88.5\%} \approx 385(A)$$

3. 转矩平衡方程式

$$\frac{P_2}{\Omega} = \frac{P_{em}}{\Omega} = \frac{P_0}{\Omega}$$

$$T_2=T-T_0$$
$$T=T_2+T_0$$

式中　T——电动机电磁转矩（N·m）；

　　　T_2——电动机轴上输出的机械转矩（负载转矩）（N·m）；

　　　T_0——空载转矩（N·m）；

　　　Ω——角速度。

4. 他励直流电动机的机械特性

直流电动机的机械特性是在稳定运行情况下，电动机的转速与电磁转矩之间的关系，即 $n=f(T)$。

1）他励直流电动机的机械特性方程式

（1）机械特性方程式为

$$n=\frac{U}{C_e\Phi}-\frac{R}{C_eC_T\Phi^2}T \tag{1-8}$$

还可以写成

$$n=n_0-\beta T=n_0-\Delta n \tag{1-9}$$

式中　n_0——理想空载转速，$n_0=\dfrac{U}{C_e\Phi}$；

　　　β——机械特性斜率；

　　　Δn——转速降，$\Delta n=\dfrac{R}{C_eC_T\Phi^2}T$。

（2）机械特性曲线如图 1-14 所示。

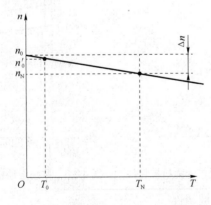

图 1-14　他励直流电动机的机械特性

2）他励直流电动机的固有机械特性

当他励直流电动机的电源电压、磁通为额定值，电枢回路未接附加电阻 R_{pa} 时的机械特性称为固有机械特性，其特性方程为

$$n=\frac{U}{C_e\Phi}-\frac{R_a}{C_eC_T\Phi^2}T \tag{1-10}$$

5. 人为机械特性

人为机械特性是人为地改变电动机电路参数或电枢电压而得到的机械特性，即改变式（1-10）中的参数所获得的机械特性，一般只改变电压、磁通、附加电阻中的一个，并励电动机有下列三种人为机械特性。

1）电枢串电阻时的人为机械特性

此时 $U=U_N$，$\Phi=\Phi_N$，$R=R_a+R_{pa}$，人为机械特性的方程式为

$$n = \frac{U_N}{C_e\Phi_N} - \frac{R_a+R_{pa}}{C_eC_T\Phi_N^2}T \qquad (1-11)$$

与固有特性相比，理想空载转速 n_0 不变，但是，转速降 Δn 增大。R_{pa} 越大，Δn 也越大，特性"变软"，如图1-15所示。

这类人为机械特性是一组通过 n_0，但具有不同斜率的直线。

2）改变电枢电压时的人为机械特性

此时 $R_{pa}=0$，$\Phi=\Phi_N$，机械特性方程式为

$$n = \frac{U}{C_e\Phi_N} - \frac{R_a}{C_eC_T\Phi_N^2}T \qquad (1-12)$$

由于电动机的额定电压是工作电压的上限，因此改变电压时，只能在低于额定电压的范围内变化。与固有特性相比较，特性曲线的斜率不变，理想空载转速 n_0 随电压减小成正比减小，故改变电压时的人为特性是一组低于固有机械特性而与之平行的直线，如图1-16所示。

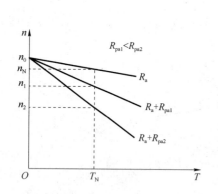

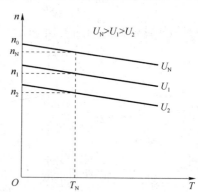

图1-15 并励电动机电枢串电阻的人为机械特性　图1-16 并励电动机改变电枢电压的人为机械特性

3）减弱磁通时的人为机械特性

可以在励磁回路内串接电阻 R_{pL} 或降低励磁电压 U_f 来减弱磁通，此时 $U=U_N$，$R_{pa}=0$，机械特性方程式为

$$n = \frac{U_N}{C_e\Phi} - \frac{R_a}{C_eC_T\Phi^2}T \qquad (1-13)$$

由于磁通 Φ 的减少，使得理想空载转速 n_0 和斜率 β 都增大，其特性曲线如图1-17所示。

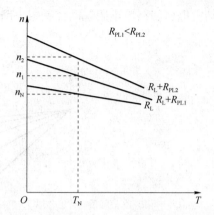

图 1-17　并励电动机减弱磁通的人为机械特性

1.1.4　直流电动机的起动

1. 起动方法

1）全压起动

（1）全压起动：在电动机磁场磁通为 Φ_N 的情况下，在电动机电枢上直接加以额定电压的起动方式。

起动电流 I_{st} 为

$$I_{st}=\frac{U_N}{R_a}$$

起动转矩 T_{st} 为

$$T_{st}=C_T\Phi_N I_{st}$$

（2）他励直流电动机不允许直接起动。因为他励直流电动机电枢电阻 R_a 阻值很小，额定电压下直接起动的起动电流很大，通常可达额定电流的 10～20 倍，起动转矩也很大。过大的起动电流引起电网电压下降，影响其他用电设备的正常工作，同时电动机自身的换向器产生剧烈的火花。而过大的起动转矩可能会使轴上受到不允许的机械冲击。所以全压起动只限于容量很小的直流电动机。

2）减压起动

减压起动：起动前将施加在电动机电枢两端的电源电压降低，以减小起动电流 I_{st} 的起动方式。

起动电流通常限制在（0.5～2）I_N 内，则起动电压应为

$$U_{st}=I_{st}R_a=（0.5～2）I_N R_a$$

3）电枢回路串电阻起动

电枢回路串电阻起动：电动机电源电压为额定值且恒定不变时，在电枢回路中串接一个起动电阻 R_{st} 的起动方式，此时 I_{st} 为

$$I_{st}=\frac{U_N}{R_a+R_{st}}$$

图 1-18 为他励直流电动机电枢回路串电阻起动控制主电路图。起动过程的机械特性如图 1-19 所示。

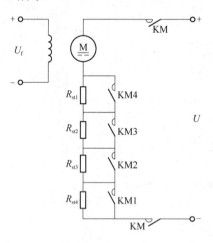

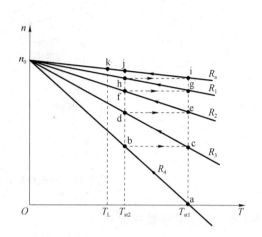

图 1-18　他励直流电动机电枢回路串电阻
起动控制主电路图

图 1-19　他励直流电动机起动过程的机械特性

2. 直流电动机的反转

直流电动机反转的方法有以下两种：

（1）改变励磁电流方向。保持电枢两端电压极性不变，将电动机励磁绕组反接，使励磁电流反向，从而使磁通方向改变。

（2）改变电枢电压极性。保持励磁绕组电压极性不变，将电动机电枢绕组反接，电枢电流 I_a 即改变方向。

1.1.5　直流电动机的调速

他励直流电动机的调速方法有改变电枢电路串联电阻调速、降低电枢电压调速和减弱磁通调速三种。

1. 改变电枢电路串联电阻调速

电枢回路串接电阻 R_{pa} 时的人为机械特性曲线如图 1-20 所示。

电枢电路串联电阻调速的特点如下：

（1）是基速以下调速，且串入电阻越大，特性越软。

（2）是有级调速，调速的平滑性差。

（3）调速电阻消耗的能量大，不经济。

（4）电枢电路串联电阻调速方法简单，设备投资少。

（5）适用范围：适用于小容量的电动机调速，但调速电阻不能用起动变阻器代替。

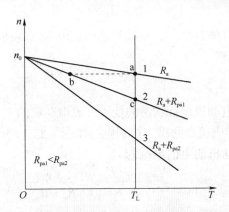

图 1-20　他励直流电动机电枢电路串联电阻调速的机械特性

2. 降低电枢电压调速

降低电枢电压后的人为机械特性曲线如图 1-21 所示。降压调速的特点如下：

（1）调速性能稳定，调速范围广。

（2）调速平滑性好，可实现无级调速。

（3）损耗减小，调速经济性好。

（4）调压电源设备较复杂。

3. 减弱磁通调速

减弱磁通调速的人为机械特性曲线如图 1-22 所示。减弱磁通调速的特点如下：

（1）调速范围不大。

（2）调速平滑，可实现无级调速。

（3）能量损耗小。

（4）控制方便，控制设备投资少。

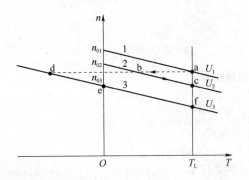

图 1-21　他励直流电动机降压调速的机械特性

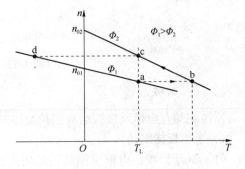

图 1-22　他励直流电动机减弱磁通调速的机械特性

1.1.6　直流电动机的制动

直流电动机的电气制动：使电动机产生一个与旋转方向相反的电磁转矩，阻碍电动机转动。

常用的电气制动方法有能耗制动、反接制动和发电回馈制动。

1. 能耗制动

1）制动原理

能耗制动是把正处于电动机运行状态的他励直流电动机的电枢从电网上切除，并接到一个外加的制动电阻 R_{bk} 上构成闭合回路。控制电路如图 1-23（a）所示。

能耗制动开始瞬间电动机的电枢电流为

$$I_a = \frac{U - E_a}{R_a + R_{bk}} = -\frac{E_a}{R_a + R_{bk}} \tag{1-14}$$

在制动过程中，电动机把拖动系统的动能转变为电能并消耗在电枢回路的电阻上，故称为能耗制动。

2）机械特性

能耗制动的机械特性方程为

$$n = \frac{0}{C_e\Phi} - \frac{R_a + R_{bk}}{C_e C_T \Phi^2}T = -\frac{R_a + R_{bk}}{C_e C_T \Phi^2}T \tag{1-15}$$

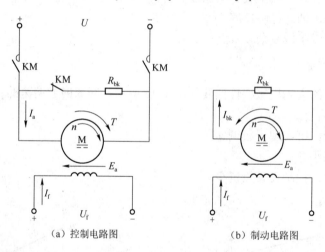

（a）控制电路图　　　　　　　（b）制动电路图

图 1-23　能耗反接制动

2. 反接制动

反接制动有电枢反接制动和倒拉反接制动两种方式。

1）电枢反接制动

（1）制动原理：电枢反接制动是将电枢反接在电源上，同时电枢回路要串接制动电阻 R_{bk}。控制电路如图 1-24 所示。

反接制动开始瞬间电动机的电枢电流 I_a 为

$$I_a = \frac{-U_N - E_a}{R_a + R_{bk}} = -\frac{U_N + E_a}{R_a + R_{bk}} \tag{1-16}$$

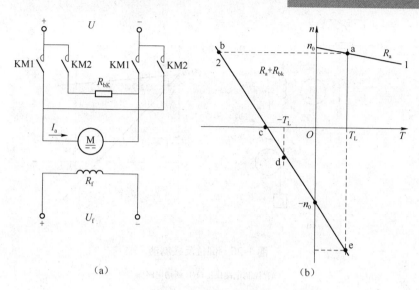

图 1-24　电枢反接制动

（a）制动控制电路图；（b）制动电路图

（2）机械特性：电枢反接制动的机械特性方程为

$$n = \frac{-U_N}{C_e \Phi} - \frac{R_e + R_{bk}}{C_e C_T \Phi^2} T = -n_0 - \frac{R_a + R_{bk}}{C_e C_T \Phi^2} T \tag{1-17}$$

2）倒拉反接制动

倒拉反接制动控制电路如图 1-25（a）所示。

（1）制动原理：电动机运行在固有机械特性的 a 点下放重物时，电枢电路串入较大电阻 R_{bk}，电动机转速因惯性不能突变，工作点过渡到对应的人为机械特性的 b 点上，此时电磁转矩 $T <$ T_L，电动机减速沿特性曲线下降至 c 点。在负载转矩的作用下转速 n 反向，E_a 为负值，电枢电流为正值，电磁转矩为正值且与转速方向相反，电动机处于制动状态，这称为倒拉反接制动。

（2）机械特性：倒拉反接制动的机械特性方程为

$$n = \frac{U_N}{C_e \Phi} - \frac{R_a + R_{bk}}{C_e C_T \Phi^2} T = n_0 - \frac{R_a + R_{bk}}{C_e C_T \Phi^2} T \tag{1-18}$$

机械特性曲线如图 1-25（b）所示。

由特性曲线可知，倒拉反接制动下放重物的速度随串入电阻 R_{bk} 的大小而异，制动电阻越大，特性越软，下放速度越快。

综上所述，电动机进入倒拉反接制动状态必须有位能负载反拖电动机，同时电枢回路必须串入较大的电阻。此时位能负载转矩为拖动转矩，而电动机的电磁转矩是制动转矩，它抑制重物下放的速度，使其安全下放。

3. 发电回馈制动

发电回馈制动：当电动机转速高于理想空载转速，即 $n > n_0$ 时，电枢电动势 E_a 大于电枢电压 U，电枢电流 I_a 反向，电磁转矩 T 为制动性质转矩，电动机向电源回馈电能，此时电动机运行状态称为发电回馈制动。

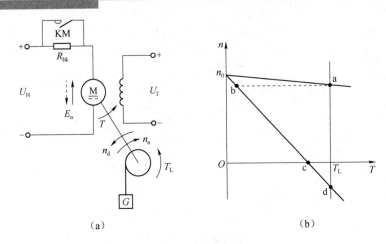

图 1-25　倒拉反接制动

(a) 控制电路图；(b) 制动电路图

应用：位能负载高速下放和降低电枢电压调速等场合。

1）位能负载高速拖动电动机时的发电回馈制动

（1）制动原理：由直流电动机拖动电车在平路行驶，当电车下坡时电磁转矩 T 与负载转矩 T_L（包括摩擦转矩 T_f）共同作用，使电动机转速上升，当 $n > n_0$ 时，$E_a > U$，I_a 反向，T 反向成为制动转矩，电动机运行在发电回馈制动状态。

（2）特点：$E_a > U$，I_a 反向，电磁转矩 T 为制动转矩，负载转矩 T_L 为拖动转矩，电动机发电机运行将轴上输入的机械功率变为电磁功率，其中大部分回馈电网，小部分消耗在电枢绕组的铜耗上，如图 1-26（c）所示。

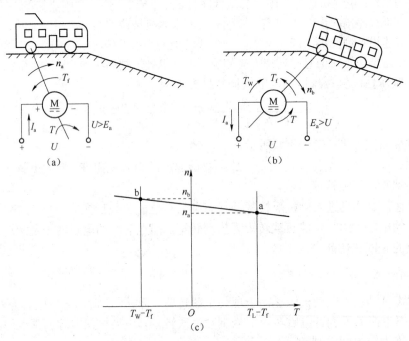

图 1-26　位能负载拖动电动机的发电回馈制动

（3）机械特性：发电回馈制动的机械特性方程为

$$n = n_0 - \frac{R_a}{C_e C_T \Phi^2}(-T) = n_0 + \frac{R_a}{C_e C_T \Phi^2}T \qquad (1\text{-}19)$$

2）降低电枢电压调速时的发电回馈制动

（1）制动原理：将作电动运行状态的电动机电枢电压突然降低时，人为机械特性向下平移，理想空载转速由 n_0 降到 n_{01}，但因惯性电动机转速不能突变，使 $n_a > n_{01}$，$E_a > U_1$，致使电动机电枢电流 I_a 和电磁转矩 T 变为负值，电动机转速迅速下降。从特性 b 点至 n_{01} 点之间电动机处于发电回馈制动状态，如图 1-27 所示。

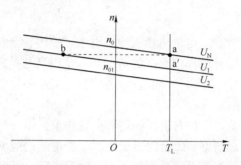

图 1-27　降压调速时的发电回馈制动机械特性

1.1.7　直流电动机的维护与检修方法

1. 直流电动机使用前的检查

（1）用压缩空气或手动吹风机吹净电动机内部的灰尘、电刷粉末等，清除污垢杂物。

（2）拆除与电动机连接的一切接线，用绝缘电阻表测量绕组对机座的绝缘电阻。若小于 0.5MΩ，应进行烘干处理，测量合格后再将拆除的接线恢复。

（3）检查换向器的表面是否光洁，如发现有机械损伤或火花灼痕，应进行必要的处理。

（4）检查电刷是否严重损坏，刷架的压力是否适当，刷架的位置是否位于标记的位置。

（5）根据电动机铭牌检查直流电动机各绕组之间的接线方式是否正确，电动机额定电压与电源电压是否相符，电动机的起动设备是否符合要求，是否完好无损。

2. 直流电动机的使用

（1）直流电动机在直接起动时因起动电流很大，将对电源及电动机本身带来极大的影响。因此，除功率很小的直流电动机可以直接起动外，一般的直流电动机都要采取减压措施来限制起动电流。

（2）当直流电动机采用减压起动时，要掌握好起动过程所需的时间，不能起动过快，也不能过慢，并确保起动电流不能过大（一般为额定电流的 1～2 倍）。

（3）在电动机起动时应做好相应的停车准备，一旦出现意外情况，应立即切除电源，并查找故障原因。

（4）在直流电动机运行时，应观察电动机转速是否正常，有无噪声、振动等，有无冒烟或发出焦臭味等现象。如有，应立即停机查找原因。

（5）注意观察直流电动机运行时电刷与换向器表面的火花情况。在额定负载工况下，一般直流电动机只允许有不超过 $1\frac{1}{2}$ 级的火花。

（6）在使用串励电动机时，应注意不允许空载起动，不允许用带轮或链条传动；在使用并励或他励电动机时，应注意励磁回路绝对不允许开路，否则都可能因电动机转速过高而导致发生严重后果。

3. 直流电动机的维护

应保持直流电动机的清洁，尽量防止灰沙、雨水、油污、杂物等进入电动机内部。

直流电动机的结构及运行过程中存在的薄弱环节是电刷与换向器部分，因此必须特别注意对它们的维护和保养。

1）换向器的维护和保养

换向器表面应保持光洁，不得有机械损伤和火花灼痕。如有轻微灼痕，可用 0 号砂纸在低速旋转的换向器表面仔细研磨。如换向器表面出现严重的灼痕或粗糙不平、表面不圆或有局部凸凹等现象，则应拆下重新进行车削加工。车削完毕后，应将片间云母槽中的云母片下刻 1mm 左右，并清除换向器表面的金属屑及飞边等，再用压缩空气将整个电枢表面吹扫干净，最后进行装配。

换向器在负载作用下长期运行后，表面会产生一层坚硬的深褐色薄膜，这层薄膜能够保护换向器表面不受磨损，因此要保护好这层薄膜。

2）电刷的使用

电刷与换向器表面应有良好的接触，正常的电刷压力为 15～25kPa，可用弹簧秤进行测量。电刷与刷盒的配合不宜过紧，应留有少量的间隙。

电刷磨损或碎裂时，应更换牌号与尺寸规格都相同的电刷，新电刷装配好后应研磨光滑，保证与换向器表面有 80% 左右的接触面。

4. 直流电动机的常见故障及检修

1）直流电动机的常见故障及排除

直流电动机的常见故障及排除如表 1-1 所示。

表 1-1 直流电动机的常见故障及排除

故障现象	可能原因	排除方法
不能起动	（1）电源无电压 （2）励磁回路断开 （3）电刷回路断开 （4）有电源但电动机不能转动	（1）检查电源及熔断器 （2）检查励磁绕组及起动器 （3）检查电枢绕组及电刷换向器接触情况 （4）负载过重或电枢被卡死或起动设备不合要求，应分别进行检查

故障现象	可能原因	排除方法
转速不正常	(1) 转速过高 (2) 转速过低	(1) 检查电源电压是否过高，主磁场是否过弱，电动机负载是否过轻 (2) 检查电枢绕组是否有断路、短路、接地等故障，检查电刷压力及电刷位置，检查电源电压是否过低及负载是否过重，检查励磁绕组回路是否正常
电刷火花过大	(1) 电刷不在中性线上 (2) 电刷压力不当或与换向器接触不良或电刷磨损或电刷牌号不对 (3) 换向器表面不光滑或云母片凸出 (4) 电动机过载或电源电压过高 (5) 电枢绕组或磁极绕组或换向极绕组故障 (6) 转子动平衡未校正好	(1) 调整刷杆位置 (2) 调整电刷压力、研磨电刷与换向器接触面、调换电刷 (3) 研磨换向器表面、下刻云母槽 (4) 降低电动机负载及电源电压 (5) 分别检查原因 (6) 重新校正转子动平衡
过热或冒烟	(1) 电动机长期过载 (2) 电源电压过高或过低 (3) 电枢、磁极、换向极绕组故障 (4) 起动或正、反转过于频繁	(1) 更换功率较大的电动机 (2) 检查电源电压 (3) 分别检查原因 (4) 避免不必要的正、反转
机座带电	(1) 各绕组绝缘电阻太低 (2) 出线端与机座相接触 (3) 各绕组绝缘损坏造成对地短路	(1) 烘干或重新浸漆 (2) 修复出线端绝缘 (3) 修复绝缘损坏处

2）直流电动机常见故障的检修

（1）电枢绕组接地故障。这是直流电动机绕组最常见的故障。电枢绕组接地故障一般发生在槽口处和槽内底部，对其的判定可采用绝缘电阻表法或校验灯法，用绝缘电阻表测量电枢绕组对机座的绝缘电阻时，如阻值为零，则说明电枢绕组接地；或者用毫伏表法进行判定，将 36V 低压电源通过额定电压为 36V 的低压照明灯后，连接到换向器片上及转轴一端，若灯泡发亮，则说明电枢绕组存在接地故障。具体到是哪个槽的绕组元件接地，则可用毫伏表法进行判定。将 6～12V 低压直流电源的两端分别接到相隔 $K/2$ 或 $K/4$（K 为换向片数）的两换向片上，然后用毫伏表的一支表笔触及电动机轴，另一支表笔触在换向片上，依次测量每个换向片与电动机轴之间的电压值。若被测换向片与电动机轴之间有一定的电压数值（即毫伏表有读数），则说明该换向片所连接的绕组元件未接地；相反，若读数为零，则说明该换向片所连接的绕组元件接地。最后，还要判明究竟是绕组元件接地还是与之相连接的换向片接地，还应将该绕组元件的端部从换向片上取下来，再分别测试加以确定。

电枢绕组接地点找出来后，可以根据绕组元件接地的部位，采取适当的修理方法。若接地点在元件引出线与换向片连接的部位，或者在电枢铁心槽的外部槽口处，则只需在接地部位的导线与铁心之间重新进行绝缘处理即可。若接地点在铁心槽内，一般需要更换电枢绕组。当只有一个绕组元件在铁心槽内发生接地，而且电动机又急需使用时，可采用应急处理方法，即将该元件所连接的两换向片之间用短接线将该接地元件短接，此时电动机仍可继续使用，但是电流及火花将会有所加大。

（2）电枢绕组短路故障。若电枢绕组严重短路，会将电动机烧坏。若只有个别线圈发生短路，电动机仍能运转，只是会使换向器表面火花变大，电枢绕组发热严重，若不及时发现并加以排除，则最终也将导致电动机被烧毁。因此，当电枢绕组出现短路故障时，就必须及时予以排除。

电枢绕组短路故障主要发生在同槽绕组元件的匝间短路及上、下层绕组元件之间的短路，查找短路的常用方法如下：

① 短路测试器法。与查找三相异步电动机定子绕组匝间短路的方法一样，将短路测试器接通交流电源后，置于电枢铁心的某一槽上，将断锯条在其他各槽口上面平行移动，当出现较大幅度的振动时，则该槽内的绕组元件存在短路故障。

② 毫伏表法。将 6.3V 交流电压（用直流电压也可以）加在相隔 $K/2$ 或 $K/4$ 的两换向片上，用毫伏表的两支表笔依次接触到换向器的相邻两换向片上，检测换向器的片间电压。在检测过程中，若发现毫伏表的读数突然变小，则说明与该两换向片相连的电枢绕组元件有匝间短路。若在检测过程中，各换向片间电压相等，则说明没有短路故障。

电枢绕组短路故障可按不同情况分别加以处理，若绕组只有个别地方短路，且短路点较为明显，则可将短路导线拆开后在其间垫入绝缘材料并涂以绝缘漆，待烘干后即可使用。当短路点难以找到，而电动机又急需使用时，则可用短接法将短路元件所连接的两换向片短接即可。若短路故障较严重，则需局部或全部更换电枢绕组。

（3）电枢绕组断路故障。这也是直流电动机常见故障之一。实践经验表明，电枢绕组断路点一般发生在绕组元件引出线与换向片的焊接处。造成的原因有：①焊接质量不好；②电动机过载、电流过大造成脱焊。这种断路点一般较容易发现，只要仔细观察换向器升高片处的焊点情况，再用螺钉旋具或镊子拨动各焊接点，即可发现。

若断路点发生在电枢铁心槽内部，或者不易发现的部位，则可用毫伏表法来判定。将 6～12V 的直流电源连接到换向器上相距 $K/2$ 或 $K/4$ 的两换向片上，用毫伏表测量各相邻两换向片间的电压，并逐步依次进行测试。有断路的绕组所连接的两换向片被毫伏表跨接时，有读数指示，而且指针发生剧烈跳动。当毫伏表跨接在完好的绕组所连接的两换向片上时，指针将无读数指示。

电枢绕组断路点若发生在绕组元件与换向片的焊接处，只要重新焊接好即可使用。若断路点不在槽内，则可以先焊接短线，再进行绝缘处理。如果断路点发生在铁心槽内，且断路点只有一处，则将该绕组元件所连接的两换向片短接后，还可继续使用；若断路点较多，则必须更换电枢绕组。

3）换向器故障的检修

（1）片间短路故障。当判定为换向器片间短路时，可先仔细观察发生短路的换向片表面的具体状况，一般是由于电刷炭粉在槽口将换向片短路或是由于火花烧灼所致。用拉槽工具刮去造成片间短路的金属屑末及电刷粉末即可。若用上述方法仍不能消除片间短路，即可确定短路发生在换向器内部，一般需要更换新的换向器。

（2）换向器接地故障。接地故障一般发生在前端的云母环上，该环有一部分裸露在外面，由于灰尘、油污和其他杂物的堆积，很容易造成接地故障。当接地故障发生时，这部分的云母环大都已烧损，而且查找起来也比较容易。修理时，一般只要把击穿烧坏处的污物清除干净，并用虫胶漆和云母材料填补烧坏之处，再用可塑云母板覆盖1~2层即可。

（3）云母片凸出。由于换向器上换向片的磨损比云母片要快，因此直流电动机使用较长一段时间后，有可能出现云母片凸起。在对其进行修理时，可用拉槽工具，把凸出的云母片刮削到比换向片约低 1mm 即可。

4）电刷中性线位置的确定及电刷的研磨

（1）确定电刷中性线的位置。　常用的是感应法，励磁绕组通过开关接到 1.5~3V 的直流电源上，毫伏表连接到相邻两组电刷上（电刷与换向器的接触一定要良好）。当断开或闭合开关时（即交替接通和断开励磁绕组的电流），毫伏表的指针会左右摆动，这时将电刷架顺电动机转向或逆电动机转向缓慢移动，直到毫伏表指针几乎不动为止，此时刷架的位置就是中性线所在的位置。

（2）电刷的研磨。电刷与换向器表面接触面积的大小将直接影响电刷下火花的等级，对新更换的电刷必须进行研磨，以保证其接触面积在 80％以上。研磨电刷的接触面时，一般采用 0 号砂布，砂布的宽度等于换向器的长度，砂布应能将整个换向器表面包住，再用橡皮胶布或胶带将砂布固定在换向器上，将待研磨的电刷放入刷握内，然后按电动机旋转的方向转动电枢，即可进行研磨。

 任务实施

1. 准备

（1）工具：活扳手、锤子、电烙铁、拉马、常用电工工具等。

（2）仪表：电流表、电压表、绝缘电阻表、耐压测试仪、电桥、滑线电阻等。

（3）器材：Z3-42 型直流电动机。

2. 实施步骤

1）拆卸

（1）拆卸前的准备。

① 查阅并记录被拆电动机的型号、主要技术参数。

② 在刷架处、端盖与机座配合处等做好标记，以便于装配。

（2）拆卸步骤。

① 拆除电动机的所有外部接线，并做好标记。

② 拆卸带轮或联轴器。

③ 拆除换向器端的端盖螺栓和轴承盖螺栓，并取下轴承外盖。

④ 打开端盖的通风窗，从刷握中取出电刷，再拆下接到刷杆上的连接线。

⑤ 拆卸换向器端的端盖，取出刷架。

⑥ 用厚纸或布包好换向器，以保持换向器清洁及不被碰伤。

⑦ 拆除轴伸端的端盖螺栓，把电枢和端盖从定子内小心地取出或吊出，并放在木架上，以免擦伤电枢绕组。

⑧ 拆除轴伸端的轴承盖螺栓，取下轴承外盖及端盖。若轴承已损坏或需清洗，还应拆卸轴承；若轴承无损坏，则不必拆卸。

（3）主要零部件的拆卸方法和工艺要求。

① 轴承的拆卸。直流电动机使用的轴承有滚动轴承和滑动轴承两种，小型电动机中广泛使用滚动轴承，下面主要介绍滚动轴承的拆卸。

a. 用拉马拆卸。拉马是机械维修中经常使用的工具，主要由旋柄、螺旋杆和拉爪构成。使用时，将螺杆顶尖定位于轴端顶尖孔，调整拉爪位置，使拉爪钩住轴承内环，旋转旋柄，使拉爪带动轴承沿轴向外移动、拆除，如图1-28所示。

操作时应注意：拉脚的拉钩应钩住轴承的内圈，用力应均匀。

b. 用铜棒拆卸。用端部呈楔形的铜棒以倾斜方向顶住轴承内圈，然后用锤子敲打铜棒，把轴承敲出，如图1-29所示。

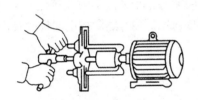

图1-28 拉马拆卸法

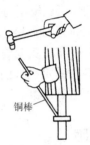

图1-29 铜棒敲击法

敲击时应注意：应沿着轴承内圈四周相对两侧轮流均匀敲击，不可只敲一边，不可用力过猛。

c. 搁在圆筒上拆卸。在轴承的内圈下面用两块厚铁板夹住转轴，并用能容纳转子的圆筒支住，在转轴上端垫上厚木板，敲打取下轴承，如图1-30所示。

图1-30 圆筒拆卸法

d. 加热拆卸。当装配过紧或轴承氧化而不易拆卸时，可将轴承内圈加热，使其膨胀而松脱。加热前，用湿布包好转轴，防止热量扩散，用100℃左右的机械油浇在轴承内圈上，趁热用上述方法拆卸。

② 端盖的拆卸。先拆下换向器端的轴承盖螺栓，取下轴承外盖；接着拆下换向器端的端盖螺栓，拆卸换向器端的端盖。拆卸时要在端盖边缘处垫以木楔，用铁锤沿端盖的边缘均匀地敲击，逐渐使端盖止口脱离机座及轴承外圈，并取出刷架；拆除轴伸端的轴承盖螺栓，取下轴承外盖及端盖。拆卸时在端盖与机座的接缝处要做好标记。

③ 转子的取出。在抽出转子前，用厚纸或布包好换向器，以保持换向器清洁及不被碰伤。

2）维修

直流电动机的绕组分为定子绕组（包括励磁绕组、换向极绕组、补偿绕组）和电枢绕组。定子绕组发生的故障主要有绕组过热、匝间短路、接地及绝缘电阻下降等；电枢绕组故障主要有短路、断路和接地。换向器故障主要有片间短路、接地、换向片凹凸不平及云母片凸出等。

（1）定子绕组的故障及修理。

① 励磁绕组过热。

a．故障现象：绕组变色、有焦化气味、冒烟。

b．可能原因：励磁绕组通风散热条件严重恶化、电动机长时间过励磁。

c．检查处理方法：用肉眼观察或用绝缘电阻表测量，改善通风条件，降低励磁电流。

② 励磁绕组匝间短路。

a．故障现象：当直流电动机的励磁绕组匝间出现短路故障时，虽然励磁电压不变，但励磁电流增加；或保持励磁电流不变时，电动机出现转矩降低、空载转速升高等现象；或励磁绕组局部发热；或出现部分刷架换向火花加大或单边磁拉力，严重时使电动机产生振动。

b．可能原因：制造时存在缺陷（如S弯处过渡绝缘处理不好，层间绝缘被铜飞边挤破，经过一段时间的运行，问题逐步显现）；电动机在运行维护和修理过程中受到碰撞，使得导线绝缘受到损伤而形成匝间短路。

c．检查处理方法：励磁绕组匝间短路常用交流压降法检查，如图1-31所示。把工频交流电通过调压器加到励磁绕组两端，然后用交流电压表分别测量每个磁极励磁绕组上的交流压降，若各磁极上交流电压相等，则表示绕组无短路现象；若某一磁极的交流压降比其余磁极都小，则说明这个磁极上的励磁绕组存在匝间短路，通电时间稍长时，这个绕组将明显发热。

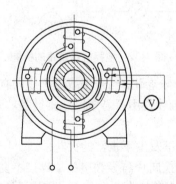

图1-31　交流压降法检查励磁绕组匝间短路

③ 定子绕组接地。

a．故障现象：当定子绕组出现接地故障时，会引起接地保护动作和报警，如果两点接地，还会使得绕组局部烧毁。

b．可能原因：线圈、铁心或补偿绕组槽口存在飞边，或绕组固定不好，在电动机负载运行时绕组发生移位使得绝缘磨损而接地。

c．检查处理方法：先用绝缘电阻表测量，后用万用表核对，以区别绕组是绝缘受潮还是绕组确实接地，可分为以下几种情况。

绝缘电阻为零，但用万用表测量还有指示，说明绕组绝缘没有击穿，采用清扫吹风办法，有可能使绝缘电阻上升。

绝缘电阻为零，改用万用表测量也为零，说明绕组已接地，可将绕组连接拆开，分别测量每个磁极绕组的绝缘电阻，以确定存在接地故障的绕组并烘干处理。

所有磁极绕组的绝缘电阻均为零，拆开连接线测量，结果绝缘电阻均较低，如果绕组经清扫后，绝缘材质没有老化，可采用中性洗涤剂清洗后烘干处理。

（2）电枢绕组的故障及修理。

① 电枢绕组短路。

a．故障现象：电枢绕组烧毁。

b．可能原因：绝缘损坏。

c．检查处理方法：当电枢绕组由于短路故障而烧毁时，可通过观察找到故障点，也可将 6～12V 的直流电源接到换向器两侧，用直流毫伏表逐片测量各相邻的两个换向片的电压值。如果读数很小或接近零，表明接在这两个换向片上的线圈一定有短路故障存在；若读数为零，则多为换向器片间短路，如图 1-32 所示。

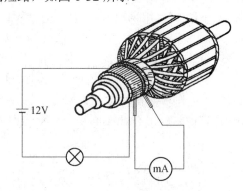

图 1-32　电枢绕组短路的检查

若电动机使用不久，绝缘并未老化，当一个或两个线圈有短路时，则可以切断短路线圈，在两个换向片上接一跨接线，继续使用；若短路线圈过多，则应重绕。

② 电枢绕组断路。

a．故障现象：运行中电刷下发生不正常的火花。

b．可能原因：多数是由于换向片与导线接头片焊接不良，或个别线圈内部导线断线。

c．检查处理方法：将毫伏表跨接在换向片上（直流电源的接法同前），有断路的绕组所接换向片被毫伏表跨接时，将有读数指示，且指针剧烈跳动（要防止损坏表头），但毫伏表跨接在完好的绕组所接的换向片上时，将无读数指示，如图 1-33 所示。

在叠绕组中，将有断路的绕组所接的两相邻换向片用跨接线连起来；在波绕组中，也可以用跨接线将有断路的绕组所接的两换向片连接起来，但这两个换向片相隔一个极距，而不是相邻的两片。

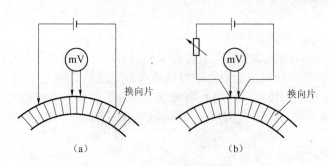

图 1-33　电枢绕组断路的检查

（a）电源跨接在数片换向片两端；（b）电源直接接在相邻两个换向片上

③ 电枢绕组接地。

a．故障现象：接地保护动作和报警，如果两点接地，还会使绕组局部被烧毁。

b．可能原因：多数是由于槽绝缘及绕组元件绝缘损坏，导体与铁心片碰接所致，也有换向器接地的情况，但并不多见。

c．检查处理方法：将电枢取出搁在支架上，将电源线的一根串接一个灯泡接在换向片上，另一根接在轴上，若灯泡发亮，则说明此线圈接地。具体到哪一槽的线圈接地，可使用毫伏表测量，即将毫伏表一端接轴，另一端与换向片依次接触，若线圈完好，则指针摆动；若线圈接地，则指针不动，如图 1-34 所示。

要判明是线圈接地还是换向器接地，则需进一步检查，可将接地线圈的接线头从换向片上脱焊下来，分别测量确定。

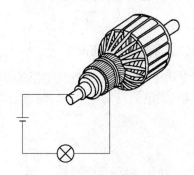

图 1-34　电枢绕组接地的检查

（3）换向器的修理

① 片间短路。

a．故障现象：换向片间表面有火花灼烧伤痕。

b．可能原因：金属屑、电刷粉末、腐蚀性物质及尘污等所致。

c．检查处理方法：当用毫伏表找出电枢绕组短路处后，为了确定短路故障是发生在绕组内还是在换向片之间，需先将与换向片相连的绕组线头脱焊开，然后用万用表检查换向器片间是否短路。修理时，刮掉片间的金属屑、电刷粉末、腐蚀性物质及尘污等，再用云母粉末或者小块云母加上胶水填补孔洞使其干燥，若上述方法不能消除片间短路，则应拆开换向器，检查其内表面。

② 接地。

a．故障现象：云母片烧毁。

b．可能原因：换向器接地经常发生在前面的云母环上，这个环有一部分露在外面，由于灰尘、油污和其他碎屑堆积在上面，很容易造成漏电接地故障。

c．检查处理方法：先观察，再用万用表进一步确定故障点，修理时，把换向器上的紧固螺母松开，取下前面的端环，把因接地而烧毁的云母片刮去，换上同样尺寸和厚薄的新云母片，装好即可。

③ 换向片凹凸不平。

a．故障现象：换向片凹凸不平，换向器松弛，电刷下产生火花，并发出"夹夹"的声音。

b．可能原因：装配不良或过分受热。

c．检查处理方法：松开端环，将凹凸的换向片校平，或加工车圆。

④ 云母片凸出。

a．故障现象：云母片凸出。

b．可能原因：换向片的磨损比云母快。

c．检查处理方法：修理时，把凸出的云母片刮削到比换向片约低 1mm，刮削要平整。

3）安装

安装过程与拆卸过程相反，在此不再赘述。

 知识拓展

直流电动机的测试

为保证检修后的直流电动机能正常运行，通常应完成以下几个测量和试验：

1. 直流电动机绕组直流电阻、绝缘电阻的测量

（1）试验目的：检查直流电动机直流电阻、绝缘电阻等基本参数是否合格。

（2）试验方法：用电桥测量其绕组的直流电阻值、用绝缘电阻表测量绝缘电阻（相与相、相对地）。

2. 直流电动机的耐压试验

（1）试验目的：检查直流电动机的耐压是否合格。

（2）试验方法：用耐压仪进行耐压试验，耐压试验原理如图 1-35 所示。

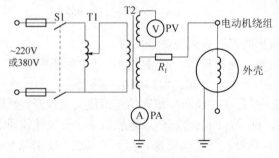

图 1-35　耐压试验原理

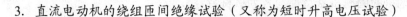

3.　直流电动机的绕组匝间绝缘试验（又称为短时升高电压试验）

（1）试验目的：检查定子或转子绕组匝间的绝缘，以检查电动机绕组在修理过程中，嵌线、浸漆、烘干、装配、搬运时绕组绝缘是否受到损伤。

（2）试验方法：在电动机空载运行时将电压提高到额定电压的 1.3 倍，运行 5min 无冒烟击穿现象即为合格；也可使直流电动机按发电机方式运行，使其感应电动势达到额定电压的 1.3 倍（可通过增加发电机励磁电流及提高转速的方法来实现，但转速不得超过额定转速的 1.15 倍），运行 5min 不击穿即为合格。

4.　直流电动机的空载试验

（1）试验目的：测得空载特性曲线，并测量空载损耗（机械损耗与铁耗之和）。

（2）试验方法：测空载特性曲线时，把电动机作为他励发电机，在额定转速下空载运行一段时间后，测取电枢电压与励磁电流的关系曲线；测空载损耗时，把电动机作为他励电动机，用改变电枢电压的方法，逐步增加电动机的励磁电流至额定值，使电动机转速至额定值，测出并记录不同电枢电压时的电枢电流；将电动机输入功率减去电枢回路损耗和电刷接触损耗，即为空载损耗。

5.　直流电动机的负载试验

（1）试验目的：检验电动机在额定负载及过载时的特性和换向性能。

（2）试验方法：每 0.5h 记录一次电枢电压、电枢电流、励磁电压、励磁电流、转速、火花等级及温度等。

负载试验时，火花等级用肉眼观察，可借助于小镜片观察电刷与换向器接触处的火花粒子。火花的程度按表 1-2 分级。

表 1-2　火花等级表

火花等级	电刷下的火花程度	换向器及电刷状态
1	无火花	换向器上没有黑痕及电刷上没有灼痕
$1\frac{1}{4}$	电刷边缘仅小部分有断续的几点点状火花	
$1\frac{1}{2}$	电刷边缘大部分有断续的较稀的粒状火花	换向器上有黑痕出现，但不扩大，用汽油擦洗能除去，同时在电刷上有轻微灼痕
2	电刷边缘大部分或全部有连续的较密的粒状火花，并开始有断续的舌状火花	换向器上有黑痕出现，用汽油不能擦去，同时在电刷上有灼痕。如果短时间出现该级火花，换向器上不出现灼痕，电刷不致被烧焦或损坏
3	电刷整个边缘有强烈的舌状火花，同时伴有爆裂声音	换向器上黑痕严重，用汽油不能擦去，同时在电刷上有灼痕。如果短时出现该极火花，换向器上出现灼痕，同时电刷被烧焦或损坏

 问题思考

1.　简述直流电动机的工作原理。

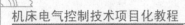

2．何为直流电动机的固有机械特性与人为机械特性？

3．如何改变直流电动机的旋转方向？

4．直流电动机一般为什么不允许采用全压起动？

5．直流电动机在轻载及额定负载时，增大电枢回路的调节电阻，电动机的转速如何变化？增大励磁回路的调节电阻，转速又如何变化？

6．说明直流电动机的拆装步骤及拆装中的注意事项。

项目 2　变压器的维护与检修

任务描述

现有一台出现故障的变压器，要求工程技术人员维修这台电动机。

知识准备

2.1.1　变压器的工作原理、分类及结构

变压器是一种静止的电气设备。它是根据电磁感应的原理，将某一等级的交流电压和电流转换成同频率的另一等级电压和电流的设备。作用是变换交流电压、变换交流电流和变换阻抗。

1. 变压器的基本工作原理

变压器是在一个闭合的铁心磁路中，套上两个相互独立的、绝缘的绕组，这两个绕组之间只有磁的耦合，没有电的联系，如图 2-1 所示。

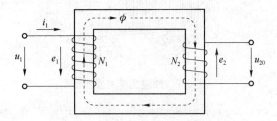

图 2-1　变压器基本工作原理

一次绕组：接交流电源，其匝数为 N_1。

二次绕组：接负载，其匝数为 N_2。

当在一次绕组中加上交流电压 u_1 时，一、二次绕组中的感应电动势瞬时值分别为

$$e_1 = -N_1 \frac{\mathrm{d}\phi}{\mathrm{d}t}, \quad e_2 = -N_2 \frac{\mathrm{d}\phi}{\mathrm{d}t}, \quad \frac{e_1}{e_2} = \frac{E_1}{E_2} = \frac{N_1}{N_2} \tag{2-1}$$

2. 变压器的应用与分类

1）变压器的应用

变压器能够变换交变电压、变换交变电流、变换阻抗。

2）变压器的种类

按用途不同变压器主要分为以下几种：

（1）电力变压器：供输配电系统中升压或降压用。

（2）特殊变压器：如电炉变压器、电焊变压器和整流变压器等。

（3）仪用互感器：如电压互感器和电流互感器。

（4）试验变压器：高压试验用。

（5）控制用变压器：控制线路中使用。

（6）调压器：用来调节电压。

3．电力变压器的基本结构

电力变压器主要由铁心、绕组、绝缘套管、油箱及附件等部分组成。以油浸式电力变压器为例，其基本结构如图 2-2 所示。

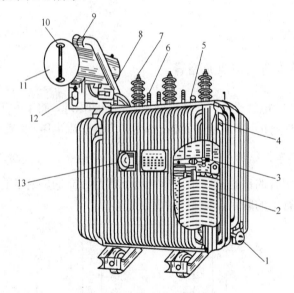

图 2-2　油浸式电力变压器

1—放油阀门；2—绕组；3—铁心；4—油箱；5—分接开关；6—低压套管；7—高压套管；
8—气体继电器；9—安全气道；10—油表；11—储油柜；12—吸湿器；13—湿度计

1）铁心

铁心是变压器的磁路部分，是绕组的支撑骨架。铁心由心柱和磁轭两部分组成，铁心用厚度为 0.35mm、表面涂有绝缘漆的热轧硅钢片或冷轧硅钢片叠装而成。

2）绕组

绕组是变压器的电路部分，常用绝缘铜线或铝线绕制而成。工作电压高的绕组称为高压绕组，工作电压低的绕组称为低压统组。

3）绝缘套管

绝缘套管是变压器绕组的引出装置，将其装在变压器的油箱上，实现带电的变压器绕组引出线与接地的油箱之间的绝缘。

4）油箱及其附件

油箱安装变压器的铁心与绕组。变压器油起绝缘和冷却作用。

电力变压器的附件还有安全气道、测温装置、分接开关、吸湿器与油表等。

4. 电力变压器的额定值与主要系列

1）额定值

（1）额定容量 S_N：指变压器的视在功率，单位为 V·A 或 kV·A。

① 单相变压器的额定容量为

$$S_N = U_{N1}I_{N1} = U_{N2}I_{N2} \qquad (2-2)$$

② 三相变压器的容量为

$$S_N = \sqrt{3}\,U_{N1}I_{N1} = \sqrt{3}\,U_{N2}I_{N2} \qquad (2-3)$$

（2）额定电压 U_{N1} 和 U_{N2}：U_{N1} 为一次绕组的额定电压，它是根据变压器的绝缘强度和允许发热条件而规定的一次绕组正常工作的电压值；U_{N2} 为二次绕组的额定电压时，它是当一次绕组加上额定电压时，二次绕组的空载电压值。

对于三相变压器，额定电压值指的是线电压，单位为 V 或 kV。

（3）额定电流 I_{N1} 和 I_{N2}：额定电流是根据允许发热条件所规定的绕组长期允许通过的最大电流值，单位是 A 或 kA。

I_{N1} 是一次绕组的额定电流，I_{N2} 是二次绕组的额定电流。

对于三相变压器，额定电流是指线电流。

（4）额定频率 f：我国规定的标准工业用电频率为 50Hz。

2.1.2　单相变压器的空载运行

变压器的空载运行是指变压器的一次绕组接在额定电压的交流电源上，而二次绕组开路时的工作情况，如图 2-3 所示。

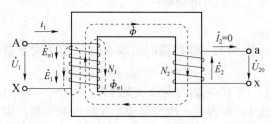

图 2-3　单相变压器空载运行原理图

1. 空载运行时各物理量正方向的规定

正弦量的正方向通常规定如下：

（1）电源电压 $\dot{U}$ 的正方向与其电流 $\dot{i}$ 的正方向采用关联方向，即两者正方向一致。

（2）绕组电流 $\dot{i}$ 产生的磁通势所建立的磁通 $\dot{\phi}$，这两者的正方向符合右手螺旋定则。

（3）由交变磁通 Φ 产生的感应电动势，两者的正方向符合右手螺旋定则，即它的正方向与产生该磁通的电流正方向一致。

2. 感应电动势与漏磁电动势

1）感应电动势

若主磁通 $\Phi=\Phi_m\sin\omega t$，则一、二次绕组的感应电动势瞬时值为

$$e_1=-N_1\frac{\mathrm{d}\Phi}{\mathrm{d}t}=E_{1m}\sin(wt-90°)$$

$$e_2=-N_2\frac{\mathrm{d}\Phi}{\mathrm{d}t}=E_{2m}\sin(wt-90°)$$

其有效值为

$$E_1=4.44fN_1\Phi_m \tag{2-4}$$

$$E_2=4.44fN_2\Phi_m \tag{2-5}$$

相量表示为

$$\dot{E}_1=-\mathrm{j}4.44fN_1\dot{\Phi}_m \tag{2-6}$$

$$\dot{E}_2=-\mathrm{j}4.44fN_2\dot{\Phi}_m \tag{2-7}$$

2）漏磁电动势

变压器一次绕组漏磁感应电动势 $\dot{E}_{\sigma1}$ 为

$$\dot{E}_{\sigma1}=-\mathrm{j}\,\dot{I}_{10}\,\omega L_1=-\mathrm{j}\,\dot{I}_{10}X_1$$

3. 变压器空载运行时的电动势平衡方程式和电压比

一次绕组电动势平衡方程式：

$$\dot{U}_1=-\dot{E}_1-\dot{E}_{\sigma1}+\dot{I}_{10}\,\dot{R}_1=-\dot{E}_1+\dot{I}_{10}\,\dot{R}_1+\mathrm{j}\,\dot{I}_{10}\,X_1 \tag{2-8}$$

$$\dot{U}_1\approx-\dot{E}_1=\mathrm{j}4.44fN_1\dot{\Phi}_m \tag{2-9}$$

二次绕组的端电压等于其感应电动势：

$$\dot{U}_{20}=\dot{E}_2 \tag{2-10}$$

变压器一次绕组的匝数 N_1 与二次绕组的匝数 N_2 之比称为变压器的电压比 k，即

$$k=N_1/N_2=E_1/E_2\approx U_1/U_2 \tag{2-11}$$

当 $N_2>N_1$ 时，$k<1$，则 $U_2>U_1$，为升压变压器；若 $N_2<N_1$，$k>1$，则 $U_2<U_1$，为降压变压器。若改变电压比 k，即改变一次绕组或二次绕组的匝数，则可达到改变二次绕组输出电压的目的。

4. 空载电流和空载损耗

变压器空载运行时，空载电流 $\dot{I}_{10}$ 分解成两部分：①无功分量 $\dot{I}_{10Q}$：用来建立磁场，起励磁作用，其与主磁通同相位；②有功分量 $\dot{I}_{10P}$：用来供给变压器铁心损耗，其相位超前主磁通约 $90°$，即

$$\dot{I}_{10}=\dot{I}_{10Q}+\dot{I}_{10P}$$

2.1.3　单相变压器的负载运行

变压器的负载运行：指变压器在一次绕组加上额定正弦交流电压，二次绕组接负载 Z_L 的情况下的运行状态，如图 2-4 所示。

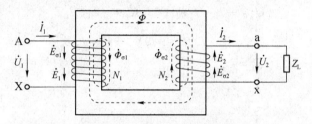

图 2-4　变压器负载运行示意图

1. 负载运行时的各物理量

负载运行时一、二次电流关系为

$$\Delta \dot{I}_1 = -(N_1/N_2) \cdot \dot{I}_2 \tag{2-12}$$

式（2-12）表明变压器负载运行时，二次电流的变化会同时引起一次电流的变化。

2. 变压器负载运行时的基本方程式

1）磁通势平衡方程式

（1）变压器负载运行时磁通势平衡方程式为

$$\dot{F}_1 + \dot{F}_2 = \dot{F}_{10}$$

$$\dot{I}_1 N_1 + \dot{I}_2 N_2 = \dot{I}_{10} N_1 \tag{1-13}$$

（2）电流平衡方程式为

$$\dot{I}_1 = \dot{I}_{10} + \left(-\frac{N_2}{N_1}\dot{I}_2\right) = \dot{I}_{10} + \left(-\frac{\dot{I}_2}{k}\right) = \dot{I}_{10} + \dot{I}_{1L} \tag{1-14}$$

忽略 I_{10} 时，一、二次绕组电流的有效值关系为

$$I_1 = I_2/k \tag{2-15}$$

2）电动势平衡方程式

二次绕组中漏磁电动势 $\dot{E}_{\sigma2}$ 为

$$\dot{E}_{\sigma2} = -\mathrm{j}\dot{I}_2 \omega L_2 = -\mathrm{j}\dot{I}_2 X_2 \tag{2-16}$$

综上所述，负载运行时的一、二次绕组的电动势平衡方程有

$$\dot{U}_1 = -\dot{E}_1 + \dot{I}\,R_1 + \mathrm{j}\dot{I}_1 X_1 = -\dot{E}_1 + \dot{I}_1 Z_1 \tag{2-17}$$

$$\dot{U}_2 = -\dot{E}_2 - \dot{I}_2 R_2 - \mathrm{j}\dot{I}_2 X_2 = \dot{E}_2 - \dot{I}_2 Z_2 \tag{2-18}$$

运行时的基本方程式为

$$\dot{U}_2 = \dot{I}_2 Z_{\rm L} \qquad\qquad (2\text{-}19)$$

3. 变压器负载运行时的相量图

$$\dot{I}_1 N_1 + \dot{I}_2 N_2 = \dot{I}_{10} N_1$$

$$\dot{U}_1 = -\dot{E}_1 + \dot{I}_1 R_1 + {\rm j}\dot{I}_1 X_1 = -\dot{E}_1 + \dot{I}_1 Z_1$$

$$\dot{U}_2 = \dot{E}_2 - \dot{I}_2 R_2 - {\rm j}\dot{I}_2 X_2 = \dot{E}_2 - \dot{I}_2 Z_2$$

$$E_1 = kE_2$$

$$I \approx \frac{I_2}{k}$$

$$\dot{U}_2 = \dot{I}_2 Z_{\rm L}$$

4. 变压器的作用

通过对变压器负载运行的分析，可以清楚地看出变压器具有变电压、变电流、变阻抗的作用。

1）变换电压

$$U_1/U_2 \approx E_1/E_2 = k = N_1/N_2$$

2）变换电流

$$I_1/I_2 \approx N_2/N_1 = 1/k$$

3）变换阻抗

变压器的阻抗变换原理如图 2-5 所示，有

$$\left|Z_{\rm L}'\right| = \frac{U_1}{I_1} = \frac{(N_1/N_2)U_2}{(N_2/N_1)I_2} = \left(\frac{N_1}{N_2}\right)^2 \left|Z_{\rm L}\right| = k^2 \left|Z_{\rm L}\right| \qquad (2\text{-}20)$$

式（2-20）表明，经变压器负载阻抗 $\left|Z_{\rm L}\right|$ 变换为 $\left|Z_{\rm L}'\right|$。通过选择合适的电压比 k，可把实际负载阻抗变换为所需的阻抗值，这就是变压器的变换阻抗作用。

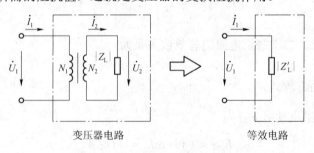

变压器电路　　　　　　　　　等效电路

图 2-5　变压器的阻抗变换原理

5. 变压器的运行特性

1）变压器的外特性和电压变化率

（1）变压器的外特性：指在一次绕组加额定电压，负载功率因数 $\cos\varphi_2$ 为额定值时，二

次绕组端电压 U_2 随负载电流 I_2 的变化关系，即 $U_2=f(I_2)$ 曲线，如图 2-6 所示。

为纯电阻负载时，电压变化较小；为感性负载时，电压变化较大；为容性负载时，端电压可能随负载电流的增加反而上升，如图 2-6 中曲线 3 所示。

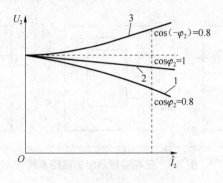

图 2-6　变压器的外特性

（2）电压变化率：

$$\Delta U\% = \frac{U_{2N} - U_2}{U_{2N}} \times 100\%$$

2）变压器的效率特性

变压器的效率特性：指在负载功率因数 $\cos\varphi_2$ 不变的情况下，变压器效率随负载电流变化的关系，即曲线 $\eta=f(I_2)$，如图 2-7 所示。

对于电力变压器，最大效率出现在 $I_2=(0.5\sim0.75)I_{2N}$ 时，其额定效率 $\eta_N=0.95\sim0.99$。

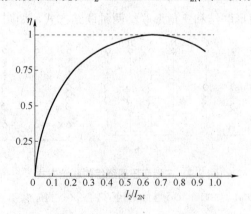

图 2-7　变压器的效率特性

2.1.4　三相变压器

三相变压器组：由三个单相变压器按一定方式连接在一起组成。如图 2-8 所示，三相变压器组各相之间只有电的联系，没有磁的联系。

三相心式变压器：将三个铁心柱用铁轭连在一起构成三相心式变压器。

1. 三相变压器的磁路系统

三相变压器组的磁路系统如图 2-8 所示。

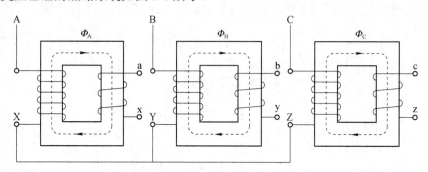

图 2-8　三相变压器组的磁路系统

2. 三相变压器的电路系统

三相变压器的电路系统是指三相变压器各相的一次统组、二次绕组的连接情况。三相变压器绕组的首端和尾端的标志规定如表 2-1 所示。

表 2-1　三相变压器绕组首端和尾端的标志

绕组名称	首端	尾端	中性点
一次绕组	A、B、C	X、Y、Z	N
二次绕组	a、b、c	x、y、z	n

三相变压器绕组有星形联结和三角形联结两种联结方式，如图 2-9 所示。

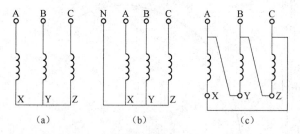

图 2-9　三相变压器绕组的联结方式

（a）星形联结；（b）星形联结中点引出；（c）三角形联结

用字母 Y 或 y 分别表示一次绕组或二次绕组的星形联结。若同时也把中点引出，则用 YN 或 yn 表示。

用字母 D 或 d 分别表示一次绕组或二次绕组的三角形联结。我国生产的电力变压器常用 Yyn、Yd、YNd、Dyn 四种联结方式，其中大写字母表示一次绕组的联结方式，小写字母表示二次绕组的联结方式。

2.1.5　其他用途变压器

本节介绍常用的自耦变压器、仪用互感器和弧焊变压器的工作原理及特点。

1.　自耦变压器

（1）自耦变压器的结构特点：一、二次绕组共用一个绕组。如图 2-10 所示，对于降压自耦变压器，一次绕组的一部分充当二次绕组；对于升压自耦变压器，二次绕组的一部分充当一次绕组。因此自耦变压器一、二次绕组之间既有磁的联系，又有电的直接联系。一、二次绕组共用部分的绕组称为公共绕组。

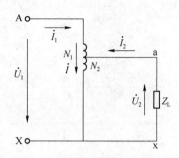

图 2-10　降压自耦变压器原理图

下面以降压自耦变压器为例分析其工作原理。

（2）自耦变压器的电压比为

$$k = U_1/U_2 \approx E_1/E_2 = N_1 N_2$$

（3）自耦变压器的变流公式为

$$\dot{I}_1 = -(N_2/N_1)\dot{I}_2 = -\dot{I}_2/k \tag{1-21}$$

（4）自耦变压器的输出视在功率（即容量）为

$$S = U_2 I_2 = U_2(I+I_1) = U_2 I + U_2 I_1 = U_2 I_2(1-1/k) + U_2 I_1 \tag{1-22}$$

（5）使用注意事项：

① 在低压侧使用的电气设备应有高压保护设备，以防过电压；

② 有短路保护措施。

（6）种类：自耦变压器有单相和三相两种。

一般三相自耦变压器采用星形联结，如图 2-11 所示。如果将自耦变压器的抽头做成滑动触头，就成为自耦调压器，常用于调节试验电压的大小。图 2-12 为常用的环形铁心单相自耦调压器原理图。

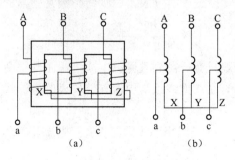

图 2-11　三相自耦变压器原理图
（a）结构示意图；（b）电路原理图

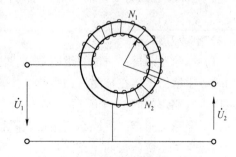

图 2-12　单相自耦调压器原理图

2. 仪用互感器

仪用互感器：供测量用的变压器，可分为电压互感器和电流互感器。

1）电压互感器

（1）电压互感器实质上是一个降压变压器，有

$$\frac{U_1}{U_2} = \frac{N_1}{N_2} = k_u$$

$$U_2 = \frac{U_1}{k_u}$$

（2-23）

电压互感器的一次绕组 N_1 匝数很多，直接并接在被测的高压线路上，二次绕组 N_2 匝数较少，接电压表或其他仪表的电压线圈，如图 2-13 所示。

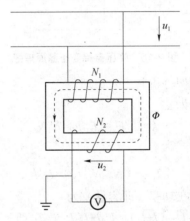

图 2-13　电压互感器原理图

（2）使用电压互感器时，应注意以下几点：

① 电压互感器在运行时二次绕组绝不允许短路，否则短路电流很大，会将互感器烧坏。因此在电压互感器二次侧电路中应串联熔断器作为短路保护。

② 电压互感器的铁心和二次绕组的一端必须可靠接地，以防一次高压绕组绝缘损坏时，铁心和二次绕组带上高电压而触电。

③ 电压互感器有一定的额定容量，使用时不宜接过多的仪表，否则将影响互感器的准确度。

2）电流互感器

（1）电流互感器：一次绕组匝数 N_1 很少，一般只有一匝到几匝；二次绕组匝数很多。使用时一次绕组串接在被测线路中，流过被测电流，而二次绕组与电流表或仪表的电流线圈构成闭合回路，如图 2-14 所示。

由于电流互感器二次绕组所接仪表阻抗很小，二次绕组相当于短路，因此电流互感器的运行情况相当于变压器的短路运行状态，有

$$\frac{I_1}{I_2} = \frac{N_2}{N_1} = k_i$$

（2-24）

$$I_2 = \frac{I_1}{k_i}$$

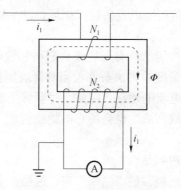

图 2-14   电流互感器原理图

（2）使用电流互感器时，应注意以下几点：

① 电流互感器运行时二次绕组绝不允许开路。电流互感器的二次绕组电路中绝不允许装熔断器。在运行中若要拆下电流表，应先将二次绕组短路后再进行。

② 电流互感器的铁心和二次绕组的一端必须可靠接地，以免绝缘损坏时，高压侧电压传到低压侧，危及仪表及人身安全。

③ 电流表内阻抗应很小，否则影响测量精度。

3. 弧焊变压器

弧焊变压器实质上是一台特殊的降压变压器。

（1）对弧焊变压器提出以下要求：

① 为保证容易起弧，空载电压应为 60～75V。

② 负载运行时具有电压迅速下降的外特征，一般在额定负载时输出电压在 30V 左右。

③ 焊接电流可在一定范围内调节。

④ 短路电流不应过大，且焊接电流稳定。

（2）如何满足上述要求：弧焊变压器具有较大的电抗，且可以调节。为此弧焊变压器的一、二次绕组分装在两个铁心柱上。为获得电压迅速下降的外特性，以及弧焊电流可调，可采用串联可变电抗器法和磁分路法，由此滋生出带电抗器的弧焊变压器和带磁分路的弧焊变压器。

2.1.6 变压器的维护与检修

变压器如果长期使用而不进行检查和维护，就很容易出现绝缘逐渐老化、匝间短路、相间短路或对地短路及油的分解的情况，所以对变压器进行日常的检查和维修是非常有必要的。

1. 变压器的日常维修检查项目

（1）检查变压器外接的高、低压熔丝是否完好。

① 变压器高压熔丝熔断。原因有变压器本身绝缘击穿，发生短路；高压熔断器熔丝截面选择不当或安装不当；低压网络有短路，但低压熔丝未熔断。

② 变压器低压熔丝熔断。这是由低压线路过电流造成的。过电流的原因可能是低压线路发生短路故障；变压器过负荷；用电设备绝缘损坏，发生短路故障；熔丝选择的截面过小或熔丝安装不当。

（2）检查高、低压套管是否清洁，有无裂纹、碰伤和放电痕迹。

表面清洁是套管保持绝缘强度的先决条件，当套管表面积有尘埃，遇到阴雨天或雾天，尘埃便会沾上水分，形成泄漏电流的通路。因此，对套管上的尘埃，应定期予以清除。套管由于碰撞或放电等原因产生裂纹伤痕，也会使它的绝缘强度下降，造成放电。故发现套管有裂纹或碰伤时应及时进行更换。

（3）检查运行中的变压器声响是否正常。

变压器运行中声响是均匀而轻微的"嗡嗡"声，这是在交变磁通作用下，铁心和线圈振动造成的，若变压器内有各种缺陷或故障，会引起异常声响，其声响如下：

① 声音中杂有尖锐声，声调变高，这是电源电压过高、铁心过饱和的情况。

② 声音增大并比正常时沉重，这是变压器负荷电流大、过负荷的情况。

③ 声音增大并有明显杂音，这是铁心未夹紧、片间有振动的情况。

（4）检查变压器运行温度是否超过规定。

变压器运行中温度升高主要由本身发热造成，一般来说，变压器负载越重，线圈中流过的工作电流越大，发热量越大，运行温度越高。其温度越高，绝缘老化加剧，寿命减少。据规定，变压器正常运行时，油箱内上层油温不超过 95℃。若油温过高，可能变压器内发热加剧，也可能变压器散热不良，需迅速退出运行，查明原因，进行修理。

（5）检查变压器的油位及油的颜色是否正常，是否有渗漏油现象。

油位应在油表刻度的 1/4～3/4。油面过低，应检查是否漏油。若漏油，应停电修理。若不漏油，则应加油至规定油面。加油时，应注意油表刻度上标出的温度值，根据当时的气温，把油加至适当的油位。对油质的检查，通过观察油的颜色来进行。新油为浅黄色，运行一段时间后变为浅红色；老化、氧化较严重的油为暗红色；经短路、绝缘击穿的油中含有碳质，油色发黑。

2. 大型变压器一般性的维护检查项目

（1）检查变压器是否存在设计、安装缺陷。

（2）检查变压器的负荷电流、运行电压是否正常。

（3）检查变压器有无渗、漏油的现象，油位、油色、温度是否超过允许值。油浸自冷变压器上层油温一般在 85℃ 以下，强油风冷和强油水冷变压器应在 75℃ 以下。

（4）检查变压器的高、低压瓷套管是否清洁，有无裂纹、破损及闪络放电痕迹。

（5）检查变压器的接线端子有无接触不良、过热现象。

（6）检查变压器的运行声音是否正常。正常运行时有均匀的"嗡嗡"电磁声；如内部有

"噼啪"的放电声,则可能是绕组绝缘的击穿声音。如出现不均匀的电磁声,则可能是铁心的穿心螺栓或螺母有松动。

（7）检查变压器的吸湿剂是否达到饱和状态。

（8）检查变压器的油截门是否正常,通向气体继电器的截门和散热器的截门是否处于打开状态。

（9）检查变压器的防爆管隔膜是否完整,隔膜玻璃是否刻划有"十"字。

（10）检查变压器的冷却装置是否运行正常,散热管温度是否均匀,有无油管堵塞现象。

（11）检查变压器的外壳接地是否良好。

（12）检查气体继电器内是否充满油,无气体存在。

（13）对室外变压器,重点检查其基础是否良好,有无基础下沉;对变电杆,检查电杆是否牢固,木杆、杆根有无腐朽现象。

（14）对室内变压器,重点检查门窗是否完好,检查百叶窗铁丝纱是否完整。

（15）其他应该检查的项目。

3. 变压器的检修方法

变压器的故障有开路和短路两种。开路用万用表挡很容易测出,短路的故障用万用表不能测出。

1）电源变压器短路的检查

（1）切断变压器的一切负载,接通电源,看变压器的空载温升。如果温升较高（烫手）,说明一定是内部局部短路。如果接通电源 15～30min,温升正常,说明变压器正常。

（2）在变压器电源回路内串接一支 1000W 的灯泡,接通电源时,灯泡只发微红,表明变压器正常;如果灯泡很亮或较亮,表明变压器内部有局部短路现象。

2）变压器的开路

一种是内部线圈断线,但引出线断线最常见,应该细心检查,把断线处重新焊接好。如果是内部断线或外部都能看出有烧毁的痕迹,那只能换新件或重绕。

3）变压器的重绕

取下固定夹（小变压器只能靠铁夹子紧固,大变压器是用螺钉紧固的）,用螺钉旋具插入第一片硅钢的缝隙中,将第一片硅钢片撬出一缝隙,然后用钳子夹住这块硅钢片用力左右摆动,直到第一片取出为止。第一片取出后,再把其他硅钢片都取出,就得到一个绕在绝缘骨架上的线圈。细心地剪开包在线圈外的绝缘纸,如果发现引出端的焊接处断开,可以重新焊好。拆几十圈后发现断头,也可以接好后再按原样重新绕好。如果烘干或断线严重,那就只能重绕。在拆变压器时要记住它的绕向和圈数,以免重绕时出现错误。

重绕的方法:第一步应选择同型号的漆包线;第二步用手工或绕线机在原骨架上绕线,绕向应对,圈数与原变压器的圈数相差不能太多。在绕完一次绕组后,应该用绝缘纸隔开,但不能太厚,以免绕好后线圈变粗,装不进铁心。全部绕完后还要用绝缘纸包好,接好引线,再把拆下的硅钢片插好。注意:装硅钢片时不要损坏绕组,并要夹紧铁心,以免重绕后变压器有"嗡嗡"声。

4）中周的检修

若用万用表的欧姆挡测得中周是通的，则说明中周是正常的。

断路：用欧姆挡测其直流电阻为无穷大。此时可以打开中周外壳检查断线处，细心焊接好即可。

短路：一般为一、二绕组短路，可以把中周线圈拆开重绕一遍，一般故障可以排除。

碰壳：线圈与外壳短路。此时打开外壳，把边线处拨开即可。

磁帽松动或滑扣：将中周外壳从电路板上焊下，将磁帽从尼龙支架内旋出，在磁帽和尼龙支架之间加入一根细的橡皮筋，再重新旋入磁帽。借助橡皮筋的弹力，可使磁帽较紧地卡在尼龙支架内，最后套上金属罩重新焊接电路。

磁帽破碎：调整中周时，经常遇到把磁帽调碎的情况，这时不必换整个中周，可以把中周外壳从电路中焊下，找一个中周磁帽换上，再把中周外壳焊入电路即可。

变压器的寿命管理是一种用科学的方法，采用防止绝缘老化的措施，对变压器进行监测、诊断和检修的复杂过程。故障判断更涉及诸多因素，必要时要进行变压器的特性试验及综合分析，才能准确可靠地找出故障原因、判明事故性质、提出合理的处理方法。只有掌握了必要的专业知识和一定的维护经验，才能有效地预防各类事故的发生，保证变压器的运行寿命和不间断供电。

 任务实施

1. 准备

（1）工具：螺钉旋具（一字、十字）、剥线钳、尖嘴钳、钢丝钳等常用接线工具。

（2）仪表：万用表。

2. 实施步骤

对变压器不吊出铁心和绕组的情况下进行的各项检查和维修。

（1）消除日常巡视中发现的缺陷。

（2）测定绕组的绝缘电阻。

（3）清扫变压器的瓷套管和外壳，检查各部螺纹有无松动。

（4）检查有无渗、漏油，检查油管有无堵塞。如油量不足，应予补油。

（5）检查气体继电器及其控制电路是否完好。

（6）检查呼吸器是否完好。如硅胶已经受潮，应予更换。

（7）清除储油柜上集污器内的污垢和积水。

（8）检查引线，并处理过热及烧伤缺陷。

（9）检查跌落式熔断器的熔管是否完好，熔丝规格是否符合要求。

（10）检查柱上变压器的安装是否牢固，杆基是否下沉等。

变压器的绝缘电阻须采用 2500V 绝缘电阻表测定，分别测定一次绕组对二次绕组及外壳之间、二次绕组对一次绕组及外壳之间的绝缘电阻。变压器是有大电容的设备，测量绝缘电阻应特别注意放电和操作顺序。

知识拓展

变压器的绕制方法

1. 普通分层绕法

一般的单输出电源的变压器分为三个绕组：一次绕组 Np，二次绕组 Ns 和辅助电源绕组 Nb。如图 2-15 所示，当使用普通分层绕法时，绕制的顺序是 Np→Ns→Nb，当然也有的采用 Nb→Ns→Np 的绕法，但不常用。

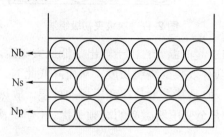

图 2-15　普通分层绕法

此种绕法工艺简单，易于控制磁心的各种参数，一致性较好，绕线成本低，适用于大批量生产，但漏感稍大，故适用于对漏感不敏感的小功率场合。功率小于 10W 的电源中普遍采用这种绕法。

2. 三明治绕法

三明治绕法久负盛名，几乎每个做电源的人都知道这种绕法，但真正对三明治绕法做过深入研究的人，应该不多。相信很多人都吃过三明治，就是两层面包中间夹一层奶油。顾名思义，三明治绕法就是两层夹一层的绕法。由于被夹在中间的绕组不同，三明治绕法又分为两种绕法：初级夹次级绕法（也称初级平均绕法）和次级夹初级绕法（也称次级平均绕法）。

1）初级夹次级绕法

初级夹次级绕法如图 2-16 所示，顺序为 Np/2→Ns→Nb/2→Nb。

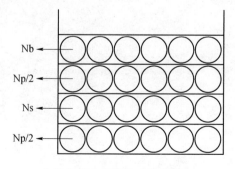

图 2-16　初级夹次级绕法

2）次级夹初级绕法

次级夹初级绕法如图 2-17 所示，顺序为 Ns/2→Np→Ns/2→Nb。当输出低压大电流时，一般采用此种绕法，其优点有：

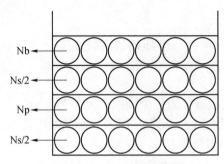

图 2-17   次级夹初级绕法

（1）可以有效降低铜损引起的温升：由于输出是低压大电流，故铜损对导线的长度较为敏感，绕在内侧的 Ns/2 可以有效减少绕线长度，从而降低此 Ns/2 绕组的铜损及发热。外层的 Ns/2 虽说绕线相对较长，但是基本上是在变压器的外层，散热良好，故温度也不会太高。

（2）可以减少一次侧耦合至变压器磁心的高频干扰。由于一次侧远离磁心，二次电压低，故引起的高频干扰小。

 问题思考

1．变压器有哪些主要部件？它们的主要作用是什么？

2．什么是变压器的空载运行？

3．单相变压器的一次电压 U_1=380V，二次电流 I_2=21A，电压比 K=10.5，试求一次电流和二次电压。

4．变压器的检修方法有哪些？

项目 3　交流电动机的使用与检修

任务描述

现有一台出现故障的 Y112M-2 型三相异步电动机，要求工程技术人员维修这台电动机。

知识准备

3.3.1　三相异步电动机的结构与工作原理

三相异步电动机之所以能转动，是因为在三相对称绕组中通入三相对称交流电将产生一个旋转磁场，由这个旋转磁场借感应作用在转子绕组内感生电流，由旋转磁场与转子感生电流相互作用产生电磁转矩而使电动机旋转。

1. 三相异步电动机的结构

三相笼型异步电动机主要由静止的定子和转动的转子两大部分组成，定子与转子之间有气隙，其结构如图 3-1 所示。

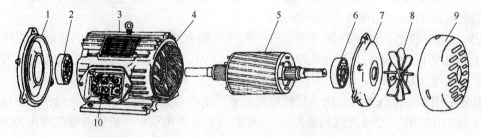

图 3-1　三相笼型异步电动机的结构

1—前端盖；2—前轴承；3—机座；4—定子绕组；5—转子；6—后轴承；
7—后端盖；8—风扇；9—风扇罩；10—接线盒

1）定子部分

定子部分主要包括定子铁心、定子绕组和机座三大部分。

（1）定子铁心。定子铁心装在机座内，由片间相互绝缘、内圆上冲有均匀分布槽口的硅钢片叠压而成，用于嵌放三相绕组，如图 3-2 所示。

（2）定子绕组。三相对称定子绕组在空间互成 120°电角度，依次嵌放在定子铁心内圆槽中，每相绕组由多匝绝缘导线绕制的线圈按一定规律连接而成，用于建立旋转磁场。

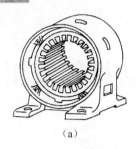

（a）　　　　　　　　　　（b）

图 3-2　三相异步电动机定子铁心及冲片

（a）电动机定子铁心；（b）定子铁心冲片

三相定子绕组共有六个接线端子，首端分别用 U1、V1、W1 表示，尾端对应用 U2、V2、W2 表示。绕组可以连接成星形（Y），也可连接成三角形（△），如图 3-3 所示。

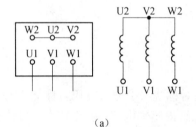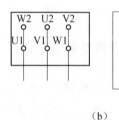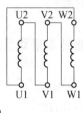

（a）　　　　　　　　　　　　（b）

图 3-3　三相定子绕组的联结方式

（a）星形联接；（b）三角形联接

① 星形联结：这种联结方式是将每相绕组的末端（U2、V2、W2）短接，每相绕组的首端（U1、V1、W1）分别接三相交流电源。若三相交流电源线电压是 380V，则每相绕组承受的电压是 220V，如图 3-3（a）所示。

② 三角形联结：这种联结方式是将一相绕组的末端与另一相绕组的首端相连接（如 U2-V1、V2-W1、W2-U1），三相绕组的首端（U1、V1、W1）分别接三相交流电源。若三相交流电源线电压是 380V，则每相绕组承受的电压也是 380V，如图 3-3（b）所示。

具体采用哪种接线方式取决于每相绕组能承受的电压设计值。例如，一台铭牌上标有额定电压为 380/220V，连接方式为星形/三角形的三相异步电动机，表明若电源电压为 380V，应采用星形连接；若电源电压为 220V，应采用三角形联结。两种情况下，每相绕组承受的电压都是 220V。

2）转子部分

转子部分主要包括转子铁心和转子绕组两大部分。

（1）转子铁心。转子铁心一般都直接固定在转轴上，由冲有转子槽形的硅钢片叠压而成，用来安放转子绕组。转子铁心冲片如图 3-4 所示。

（2）转子绕组。转子绕组的作用是产生感应电动势、流过电流并产生电磁转矩。笼型转子绕组有两种：一种是在转子铁心的每一个槽内插入一铜条，在铜条两端各用一个铜环把所有的导条连接起来，形成一个自行闭合的短路绕组；另一种是用铸铝的方法，用熔铝浇铸而成短路绕组，即将导条、端环和风扇叶片一次铸成，形成铸铝转子。如果去掉铁心，剩下来的绕组形状就像一个鼠笼子，故称为笼型绕组，如图3-5所示。

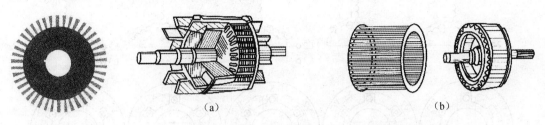

图3-4　转子铁心冲片　　　　　图3-5　三相笼型异步电动机的转子绕组

（a）铝铸转子；（b）铜负转子

3）气隙

气隙的大小对异步电动机的性能、运行可靠性影响较大。气隙过大，电动机的功率因数 $\cos\varphi$ 变低，使电动机的性能变坏；气隙过小，容易使运行中的转子与定子碰擦而发生"扫膛"故障，给起动带来困难，从而降低了运行的可靠性，同时也给装配带来困难。中小型异步电动机的气隙一般为 0.2～1.5mm。

2. 三相异步电动机的工作原理

1）旋转磁场

（1）旋转磁场的产生过程如图3-6所示。

图中 U1-U2、V1-V2、W1-W2 为定子三相绕组，这三个完全相同的绕组在空间彼此互差120°，分布在定子铁心的内圆周上，构成了三相对称绕组。当定子三相对称绕组中通入三相对称电流时，在气隙中会产生一个旋转磁场。现以几个典型瞬间为例，分析旋转磁场的产生过程。

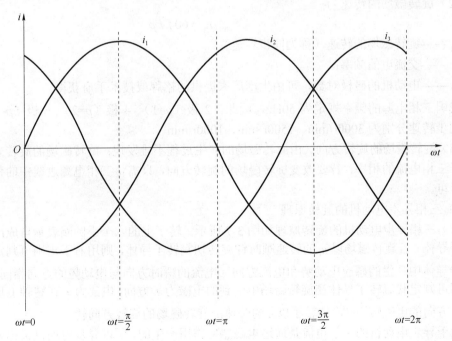

图 3-6　三相异步电动机旋转磁场的产生过程

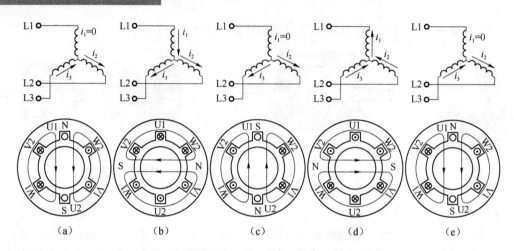

图 3-6　三相异步电动机旋转磁场的产生过程（续）

假定电流为正值时，从绕组首端（U1、V1、W1）流入、从尾端（U2、V2、W2）流出；为负值时，从绕组尾端流入、从首端流出。若用符号 $\otimes$ 表示电流流入，用符号 $\odot$ 表示电流流出，则

$\omega t = 0$ 时，$i_1 = 0$，U 相绕组内没有电流；i_2 为负值，V 相绕组的电流由 V2 端流入，V1 端流出；i_3 为正值，W 相绕组的电流由 W1 端流入，W2 端流出。应用安培定则（即右手螺旋定则），可确定合成磁场的方向如图 3-6（a）所示。

同理可确定 $\omega t = \pi / 2$、$\omega t = \pi$、$\omega t = 3\pi / 2$、$\omega t = 2\pi$ 时，合成磁场的方向分别如图 3-6（b）～（e）所示。从图中可看出，合成磁场的方向顺时针旋转了 360°，形成一个旋转的磁场。

（2）旋转磁场的转速为

$$n_1 = 60 f / p \qquad\qquad (3-1)$$

式中 n_1——旋转磁场的转速（称为同步转速）；

f——交流电的频率；

p——电动机的磁极对数，可由生产厂家提供的铭牌或技术手册获得。

我国三相电源的频率规定为 50Hz，因此，2 极（$p=1$）、4 极（$p=2$）、6 极（$p=3$）电动机的同步转速分别为 3000r/min、1500r/min、1000r/min。

（3）旋转磁场的旋转方向。由旋转磁场的产生过程不难发现：旋转磁场的旋转方向取决于定子三相电流的相序，若要改变旋转磁场的旋转方向，只需将三相电源进线中的任意两相对调即可。

2）三相异步电动机的旋转原理

（1）三相异步电动机的旋转原理如图 3-7 所示。转子上的六个小圆圈表示自成闭合回路的转子导体。若旋转磁场以 n_1 的转速顺时针旋转切割转子导体，则用右手定则可判定在闭合的转子导体中产生的感应电动势和电流方向（电流的瞬时方向与电动势的方向相同），用左手定则可判定载流转子导体在旋转磁场中受到的电磁力 f 方向，电磁力 f 在转轴上形成一个顺时针方向的电磁转矩 T，使转子以 n 的转速沿旋转磁场的旋转方向转动。

由于异步电动机的转子电流是通过电磁感应作用产生的，所以异步电动机又称为感应电动机。

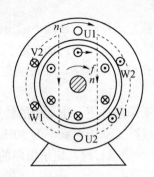

图 3-7　三相异步电动机的旋转原理

（2）三相异步电动机的旋转速度。三相异步电动机的旋转速度 n 始终低于同步转速 n_1，即 $n < n_1$。这是因为，二者如果相等，则转子与旋转磁场就不存在相对运动，转子导体就不会感应出电动势和电流，更不会产生电磁转矩，三相异步电动机也不能转动。由于 n 与 n_1 不同步，故称为异步电动机，这就是"异步"的由来。

n_1 与 n 之差 $\Delta n = n_1 - n$ 称为转差，转差与 n_1 的比值称为转差率，用 s 表示，即

$$s = (n_1 - n)/n_1 \tag{3-2}$$

当 $n = 0$（转子静止）时，$s = 1$。

当 $n = n_1$ 时，$s = 0$。

当 $0 < n < n_1$（正常运行）时，$0 < s < 1$。正常运行时由于电动机额定转速 n_N 与 n_1 接近，所以额定转差率 s_N 一般为 0.01～0.06。

（3）三相异步电动机的旋转方向。异步电动机转子的旋转方向与旋转磁场的旋转方向一致，改变旋转磁场的旋转方向即可改变电动机的旋转方向。

【例 3-1】在额定工作情况下的三相异步电动机，已知其转速为 960r/min，试问电动机的同步转速是多少？有几对磁极对数？转差率是多大？

解：因为 $n_N = 960\text{r/min}$，所以

$$n_1 = 1000\text{r/min}$$

$$p = 3$$

$$s = \frac{n_1 - n_N}{n_1} = \frac{1000 - 960}{1000} = 0.04$$

3. 三相异步电动机的铭牌数据

三相异步电动机的铭牌数据是选择电动机的重要依据。

铭牌数据主要包括以下几个方面：

（1）型号：异步电动机的型号由汉语拼音大写字母、国际通用符号和阿拉伯数字三部分组成示例如下：

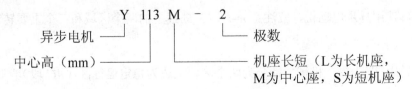

（2）额定功率 P_N：指电动机额定运行时，转轴上输出的机械功率，单位为 W 或 kW。

（3）额定电压 U_N：指电动机额定运行时，电网加在定子绕组上的线电压，单位为 V 或 kV。

（4）额定电流 I_N：指电动机在额定电压下，输出额定功率时，定子绕组中的线电流，单位为 A 或 kA。

（5）额定转速 n_N：指在额定工作条件下，电动机的转速，单位为 r/min。

（6）额定频率 f_N：我国规定标准工业用电频率为 50Hz。

（7）额定功率因数 $\cos\varphi_N$：指额定运行时，定子电路的功率因数。一般中小型异步电动机 $\cos\varphi_N$ 为 0.85 左右。

（8）联结方式：用丫或△表示，表示在额定运行时，定子绕组应采用的联结方式。

此外，铭牌上还标有定子绕组的相数 m_1、绝缘等级、温升，以及电动机的额定效率 η_N、工作方式等。

额定值之间有如下关系：

$$P_N=\sqrt{3}U_N I_N \cos\varphi_N\eta_N \tag{3-3}$$

对于额定电压为 380V 的电动机，其 $\eta_N\cos\varphi_N\approx0.8$，代入式（3-3），得

$$I_N\approx2P_N \tag{3-4}$$

式中，P_N 的单位为 kW，I_N 的单位为 A。由此可以估算出额定电流，即所谓的"一个千瓦两个电流"。

3.1.2 三相异步电动机的机械特性

机械特性是指在一定条件下，电动机的转速与转矩之间的关系，即 $n=f(T)$，如图 3-8 所示。

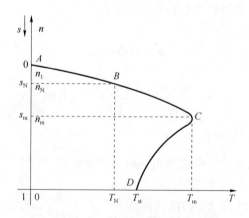

图 3-8 三相异步电动机的机械特性

为了正确使用异步电动机，应注意 $n=f(T)$ 曲线上的两个区域和三个重要转矩。

1. 稳定区和不稳定区

以最大转矩 T_m 为界，机械特性分为两个区，上边为稳定运行区（AC 段），下边为不稳

定运行区（CD 段）。

当电动机工作在稳定区某一点（如 B 点）时，电磁转矩 T 与轴上的负载转矩 T_L（B 点 $T_L = T_N$）相平衡而保持匀速转动。如果负载转矩变化，电磁转矩将自动适应，随之变化达到新的平衡而稳定运行。

由于某种原因引起负载转矩突然增加，则在该瞬间 $T < T_L$，于是转速 n 下降，工作点将沿机械特性曲线下移，电磁转矩自动增大，直到增大到 $T = T_L$ 时，n 不再降低，电动机便在较低的转速下达到新的平衡。

可见，无论负载怎样变化，在 T_L 不超过 T_m 的情况下，电动机轴上输出转矩必定随负载而变化，最后达到转矩平衡，并稳定运行，这说明电动机具有适应负载变化的能力。如果电动机工作在不稳定区，则电磁转矩不能自动适应负载转矩的变化，因而不能稳定运行。

2. 三个重要转矩

1）额定转矩 T_N

额定转矩是电动机在额定电压下，以额定转速运行，输出额定功率时，其轴上输出的转矩，见下式：

$$T_N = 9550 \frac{P_N}{n_N} \tag{3-5}$$

2）最大转矩 T_m

最大转矩 T_m 是电动机能够提供的极限转矩。由于它是机械特性上稳定区和不稳定区的分界点，故电动机运行中的机械负载不可超过最大转矩，否则电动机的转速将越来越低，迅速导致堵转。异步电动机堵转时电流最大，一般达到额定电流的 4～7 倍，这样大的电流如果长时间通过定子绕组，会使电动机过热，甚至烧毁。因此，异步电动机在运行中应注意避免出现堵转，一旦出现堵转，应立即切断电源，并卸掉过重的负载。

通常用最大转矩与额定转矩的比值来表示电动机允许的过载能力 λ_m，即

$$\lambda_m = \frac{T_m}{T_N} \tag{3-6}$$

一般三相异步电动机的过载能力为 1.8～2.2。

3）起动转矩 T_{st}

电动机在接通电源被起动的最初瞬间，$n = 0$，$s = 1$，这时的转矩称为起动转矩 T_{st}。

（1）如果起动转矩小于负载转矩，即 $T_{st} < T_L$，则电动机不能起动，这时与堵转情况一样，电动机的电流达到最大，容易过热。因此当发现电动机不能起动时，应立即断开电源停止起动，在减轻负载或排除故障以后再重新起动。

（2）如果起动转矩大于负载转矩，即 $T_{st} > T_L$，则电动机的工作点会沿着 $n = f(T)$ 曲线从底部上升，电磁转矩 T 逐渐增大，转速 n 越来越高，很快越过最大转矩 T_m，然后随着 n 的升高，T 又逐渐减小，直到 $T = T_L$ 时，电动机就以某一转速稳定运行。

由此可见，只要异步电动机的起动转矩大于负载转矩，一经起动，便迅速进入机械特性的稳定区运行。

通常用起动转矩与额定转矩的比值来表示异步电动机的起动能力 λ_{st}，即

$$\lambda_{\text{st}} = \frac{T_{\text{st}}}{T_{\text{N}}} \tag{3-7}$$

【例 3-2】有一台三相异步电动机，其铭牌数据如下：

P_{N}/kW	n_{N}/（r/min）	U_{N}/V	$\eta_{\text{N}} \times 100$	$\cos\varphi_{\text{N}}$	$I_{\text{st}}/I_{\text{N}}$	$T_{\text{st}}/T_{\text{N}}$	$T_{\text{max}}/T_{\text{N}}$	接法
40	1470	380	90	0.9	6.5	1.2	2.0	△

当负载转矩为 250N·m 时，试问在 $U=U_{\text{N}}$ 和 $U'=0.8U_{\text{N}}$ 两种情况下电动机能否起动？

解：$T_{\text{N}} = 9.55\,P_{\text{N}}/n_{\text{N}} = 9.55 \times 40000/1470 \approx 260$（N·m）

因为 $T_{\text{st}}/T_{\text{N}}=1.2$，所以

$$T_{\text{st}} = 260 \times 1.2 = 312（\text{N·m}）$$

因为 312 N·m>250 N·m，所以 $U=U_{\text{N}}$ 时电动机能起动。

当 $U'=0.8U_{\text{N}}$ 时

$$T_{\text{st}}' = 0.8^2 \cdot T_{\text{st}} = 0.64 \times 312 \approx 200（\text{N·m}）$$

$T_{\text{st}}' < T_{\text{L}}$，所以电动机不能起动。

3.1.3 三相异步电动机的起动

当三相异步电动机起动时，应保证：

（1）有足够的起动转矩，$T_{\text{st}} \geqslant T_{\text{L}}$ 能够正常起动。

（2）起动电流不会对电网造成大的冲击，使电压下降过多（影响其他电机工作），一般希望电流越小越好（在能起动的情况下）。

另外，还应满足起动过程平滑、安全简单、节能等。实际上，当电动机在起动工作初期，由于 $n=0$，转子绕组切割磁力线的速度 $n_0-n=n_0$，转子感生电动势 E 大，起动电流也大，达 5～7 倍。这时 $\cos\varphi$ 不大，所以 T_{st} 不大。

1. 直接起动（全压起动）

直接起动（全压起动）就是起动时，电动机直接加电网电压，这时起动电流比较大，所以不是所有的电动机都能这样使用。

一般的，当有独立的变压器供动力电且电机功率小于 30%的变压器功率时（频繁）、电机功率小于 20%的变压器功率时（不频繁），可以直接起动。

2. 降压起动

1）定子串接电抗器或电阻起动

定子电路中串接电抗器或电阻起动电路如图 3-9 所示。起动时，先合上电源隔离开关 Q1，将 Q2 扳向"起动"位置，电动机即串入电阻 R_{Q} 起动。待转速接近稳定值时，将 Q2 扳向"运行"位置，R_{Q} 被切除，使电动机恢复正常工作情况。由于起动时，起动电流在 R_{Q} 上产生一定电压降，使得加在定子绕组端的电压降低了，因此限制了起动电流。调节电阻 R_{Q} 的大小可以将起动电流限制在允许的范围内。采用定子串电阻降压起动时，虽然降低了起动电流，但也使起动转矩大大减小。所以这种起动方法只适用于空载或轻载起动，同时由于采

用电阻降压起动时损耗较大，它一般用于低压电动机起动中。

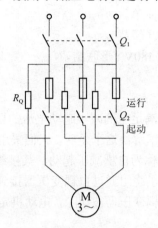

图 3-9　定子电路中串接电抗器或电阻起动电路

由人为特性可知，当串电阻时，起动力矩下降很快（平方）。

特点如下：

（1）适用于空载起动（轻载）。

（2）电阻耗能（电抗器太贵，体积大）。

2）星形－三角形换接起动

若电动机在正常工作时其定子绕组是联结成三角形的，那么在起动时可以将定子绕组联结成星形，通电后电动机运转，当转速升高到接近额定转速时再换接成三角形联结。根据三相交流电路的理论，用星形-三角形换接起动可以使电动机的起动电流降低到全压起动时的 1/3。但要引起注意的是，由于电动机的起动转矩与电压的平方成正比，所以，用星形-三角形换接起动时，电动机的起动转矩也是直接起动时的 1/3。这种起动方法适合于电动机正常运行时定子绕组为三角形联结的空载或轻载起动。其接线原理如图 3-10 所示。

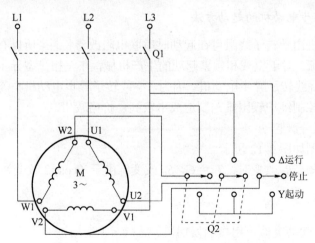

图 3-10　星形-三角形换接起动接线原理

说明：起动电流 I 是直接起动的 1/3；起动转矩 T 是直接起动的 1/3。

特点如下：

（1）起动电流小，所需设备简单。

（2）力矩小，适于空载起动（轻载）。

（3）电动机额定电压必须是380V丫形联结。

（4）有专门的丫－△起动。

3）自耦变压器降压起动

在定子回路中串阻抗虽然能满足电网减小起动电流的要求，但是往往因为起动转矩过小而满足不了生产工艺的要求。为了解决这个矛盾，人们采用自耦减压起动。三相笼型异步电动机采用自耦变压器降压起动，称为自耦减压起动，其接线图如图 3-11 所示。起动时，开关 S 投向起动一边，电动机的定子绕组通过自耦变压器接到三相电源上，当转速升高到一定程度后，开关 S 投向运行边，自耦变压器被切除，电动机定子直接接到电源上，电动机进入正常运行。

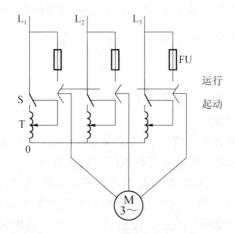

图 3-11　自耦变压器降压起动接线原理图

3. 线绕转子异步电动机的起动方法

绕线转子电动机由于转子绕组可在起动时串联电阻改善特性，所以有比较大的起动转矩和比较小的起动电流。对于重载和频繁起动的生产机械，在三相笼型异步电动机难以满足要求时，才选用三相绕线转子异步电动机。因为，绕线转子异步电动机与笼型异步电动机相比较，结构较复杂，控制维护较困难，制造成本较高，价格较贵。

1）转子串电阻分级起动

（1）接线原理图如图 3-12 所示。

由人为特性可知：R_2 改变时，$T_m = C$，S_m 改变。由于（$\cos\varphi 2$ 改变）T_{st} 改变，所以 $R_2\uparrow$，$T_{st}\uparrow$。

特点如下：

① 与直流电机起动类似，用接触器切换。

② 由于起动时 R_2 比较大，所以转子功率因数 $\cos\varphi_2\uparrow$，有较大的起动转矩。

③ 适于带载起动。

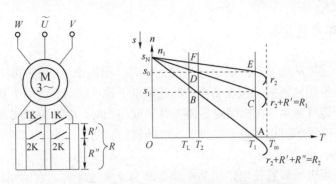

图 3-12 绕线转子电动机的起动方法接线原理图

2）转子串频敏变阻器起动

频敏变阻器是一个三相铁心线圈，它的铁心由实心铁板或钢板叠成，板的厚度为 30～50mm 时，称为板式铁心结构；它的铁心由厚壁钢板制成的铁心发和上、下层厚钢板制成的铁轭组成时，称为发式铁心结构。转子串频敏变阻器起动的三相绕线转子异步电动机接线原理图如图 3-13 所示，起动开始，开关 S 断开，电动机转子串入频敏变阻器起动。电动机转速达到稳定值后，开关 S 接通，切除频敏变阻器，电动机进入正常运行。

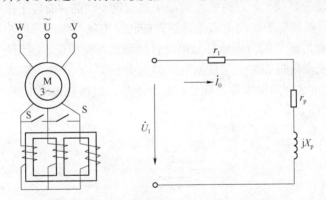

图 3-13 转子串频敏变阻器起动方法接线原理图

（1）工作过程：

① 当起动时：$n=0$，转子电流频率 $f_2=f_1$，较高，所以感应电动势 E 高，同时铁损（涡流发热产生）大，相当于电阻 $R_损$ 大。

② 当 $n\uparrow$ 后，$S\downarrow$，$f_2=Sf_1\downarrow$，所以 $E\downarrow R_损\downarrow$。

③ 当 $n=n_N$ 后，f_2 很小，$E\approx0$，$R_损\approx0$，可用开关短路（离心）。所以称实心电抗器为频敏电阻。

（2）特点如下：

① 用人工切换电阻（自动起动）。

② 调节电阻变化，起动过程平滑。

③电抗器的电感性质使起动时功率因数 $\cos\phi_2$ 略有下降。

3.1.4　三相异步电动机的制动

电动机除了上述电动状态外，在下述情况运行时，则属于电动机的制动状态。

在负载转矩为位能转矩的机械设备中（如起重机下放重物时、运输工具在下坡运行时），使设备保持一定的运行速度；在机械设备需要减速或停止时，电动机能实现减速和停止的情况下，电动机的运行属于制动状态。三相异步电动机的制动方法有下列两类：机械制动和电气制动。

机械制动是利用机械装置使电动机从电源切断后能迅速停转。它的结构有好几种形式，应用较普遍的是电磁抱闸，它主要用于起重机械上吊重物时，使重物迅速而又准确地停留在某一位置上。

电气制动是使异步电动机所产生的电磁转矩和电动机的旋转方向相反。电气制动通常可分为能耗制动、反接制动和回馈制动（再生制动）三类。

1.　能耗制动

能耗制动就是在切断三相电源的同时，接到直流电源上（见图 3-14），使直流电流通入定子绕组。理论物理告诉我们，直流电流的磁场是固定不动的，而转子由于惯性继续在原方向转动，根据右手定则和左手定则不难确定这里的转子电流与固定磁场相互作用产生的转矩的方向。事实上，此时转矩的方向恰好与电动机转动的方向相反，因而起到了制动的作用。理论和实验证明，制动转矩的大小与直流电流的大小有关。直流电流的大小一般为电动机额定电流的 0.5～1 倍。这种制动能量消耗小，制动平稳，但需要直流电源。

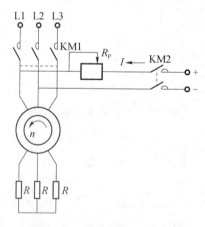

图 3-14　能耗制动接线原理图

在有些机床中采用这种制动方法，由于受制动电动机电流的影响，直流电流的大小受到限制，特别是在工作环境相对恶劣、三相电动机功率又相对较大的情况下，实施能耗制动有一定的困难。要使用能耗制动关键是要选配好直流电源且注意直流电源开关的使用技术，切忌误操作，切忌接线错误。

2. 反接制动

当异步电动机的旋转磁场方向与转动方向相反时，电动机进入反接制动状态。 这时根据电动机的功率平衡关系可知，电动机仍从电源吸取电功率，同时电动机又从转轴获得机械功率。这些功率全部以转子铜耗的形式被消耗于转子绕组中，能量损耗大，如果不采取措施将可能导致电动机温升过高，造成损害。反接制动包括倒拉反转制动和电源反接制动。下面主要介绍电源反接制动。

电源反接制动是将三相电源的任意两相对调构成反相序电源，则旋转磁场也反向，电动机进入电源反接制动状态，制动过程与机械特性如图 3-15 所示。电源反接后，电动机因惯性作用由反向机械特性上的 A 点同转速切换至 B 点。在反向电磁转矩作用下，电动机沿反向机械特性迅速减速。如果制动的目的是使拖动反抗性负载（负载转矩方向始终与电动机转向相反）的电动机制动，则需要在电动机状态接近 C 点时及时切断电源，否则电动机会很快进入反向电动状态并在 D 点平衡。如果电动机拖动的是位能性负载，电动机将迅速越过反向电动特性，直至 E 点才能重新平衡，这时电动机的转速超过其反向同步转速，电动机进入反向回馈制动状态。电源反接制动时，冲击电流相当大，为了提高制动转矩并降低制动电流，对绕线转子电动机常采取转子外接（分段）电阻的电源反接制动，制动过程为 $A \to B' \to C'$。

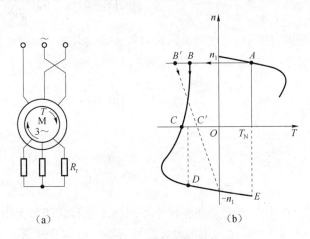

(a)   (b)

图 3-15 电源反接制动

（a）制动示意图；（b）机械特性

3. 回馈制动

回馈制动常用于起重设备高速下放位能性负载场合，其特点是电动机转向与旋转磁场方向相同，但转速却大于同步转速。如图 3-16（a）所示，在回馈制动方式下，电动机自转轴输入机械功率，相当于被"负载"拖动，扣除少部分功率消耗于转子外，其余机械功率以电能形式回送给电网，电动机处于发电状态。回馈制动机械特性如图 3-16（b）所示，制动过程为 $A \to B$。若负载拖动的转矩超过回馈制动最大转矩，则制动转矩反而下降，电动机转速急剧升高并失控，产生"飞车"等严重事故。

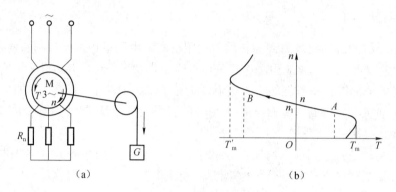

图 3-16　回馈制动

（a）制动示意图；（b）机械特性

3.1.5　三相异步电动机的调速

1. 异步电动机的调速原理

$$s = \frac{n_1 - n}{n_1} \implies n = (1-s)n_1 = (1-s)60\frac{f_1}{p}$$

从上式可见，改变供电频率 f_1、电动机的极对数 p 及转差率 s 均可达到改变转速的目的。从调速的本质来看，不同的调速方式即改变交流电动机的同步转速或不改变同步转速两种。

2. 调速方式

（1）改变极对数有级调速。

（2）改变转差率无级调速。

（3）改变电源频率（变频调速）无级调速。

3. 调速方法

在生产机械中广泛使用的不改变同步转速的调速方法有绕线转子电动机的转子串电阻调速、斩波调速，串级调速，以及应用电磁转差离合器、液力偶合器、油膜离合器等调速。改变同步转速的有改变定子极对数、改变定子电压、改变频率的变频调速等方法。

从调速时的能耗观点来看，有高效调速方法与低效调速方法两种。高效调速时转差率不变，因此无转差损耗，如多速电动机、变频调速及能将转差损耗回收的调速方法（如串级调速等）。有转差损耗的调速方法属低效调速，如转子串电阻调速方法，能量就损耗在转子回路中；电磁离合器的调速方法，能量损耗在离合器线圈中；液力偶合器调速，能量损耗在液力偶合器的油中。一般来说，转差损耗随调速范围扩大而增加，如果调速范围不大，能量损耗是很小的。

1）变极对数调速方法

变极对数调速方法是用改变定子绕组的接线方式来改变笼型电动机定子极对数达到调速目的的，其特点如下：

| 58 |

（1）具有较硬的机械特性，稳定性良好。

（2）无转差损耗，效率高。

（3）接线简单、控制方便、价格低。

（4）有级调速，级差较大，不能获得平滑调速。

（5）可以与调压调速、电磁转差离合器配合使用，获得较高效率的平滑调速特性。

本方法适用于不需要无级调速的生产机械，如金属切削机床、升降机、起重设备、风机、水泵等。

2）变频调速方法

变频调速是改变电动机定子电源的频率，从而改变其同步转速的调速方法。变频调速系统主要设备是提供变频电源的变频器，变频器可分成交流-直流-交流变频器和交流-交流变频器两大类，目前国内大都使用交-直-交变频器。其特点如下：

（1）效率高，调速过程中没有附加损耗。

（2）应用范围广，可用于笼型异步电动机。

（3）调速范围大，特性硬，精度高。

（4）技术复杂，造价高，维护检修困难。

本方法适用于要求精度高、调速性能较好的场合。

3）串级调速方法

串级调速是指绕线转子式电动机转子回路中串入可调节的附加电势来改变电动机的转差，达到调速的目的。大部分转差功率被串入的附加电势所吸收，再利用产生附加电势的装置，把吸收的转差功率返回电网或转换成能量加以利用。根据转差功率的吸收利用方式，串级调速可分为电机串级调速、机械串级调速及晶闸管串级调速形式，多采用晶闸管串级调速，其特点如下：

（1）可将调速过程中的转差损耗回馈到电网或生产机械上，效率较高。

（2）装置容量与调速范围成正比，投资省，适用于调速范围在额定转速 70%～90% 的生产机械上。

（3）调速装置故障时可以切换至全速运行，避免停产。

（4）晶闸管串级调速功率因数偏低，谐波影响较大。

本方法适合在风机、水泵及轧钢机、矿井提升机、挤压机上使用。

4）串电阻调速方法

绕线转子异步电动机转子串入附加电阻，使电动机的转差率加大，电动机在较低的转速下运行。串入的电阻越大，电动机的转速越低。此方法设备简单，控制方便，但转差功率以发热的形式消耗在电阻上，属有级调速，机械特性较软。

5）定子调压调速方法

当改变电动机的定子电压时，可以得到一组不同的机械特性曲线，从而获得不同转速。由于电动机的转矩与电压平方成正比，因此最大转矩下降很多，其调速范围较小，使一般笼型电动机难以应用。为了扩大调速范围，调压调速方法应采用转子电阻值大的笼型电动机，如专供调压调速用的力矩电动机，或者在绕线转子电动机上串联频敏电阻。为了扩大稳定运行范围，当调速在 2:1 以上的场合时，应采用反馈控制，以达到自动调节转速的目的。

调压调速的主要装置是一个能提供电压变化的电源，目前常用的调压方式有串联饱和电抗器、自耦变压器及晶闸管调压等几种。晶闸管调压方式为最佳。调压调速的特点如下：

（1）调压调速线路简单，易实现自动控制。

（2）调压过程中转差功率以发热形式消耗在转子电阻中，效率较低。

（3）调压调速一般适用于 100kW 以下的生产机械。

6）电磁调速电动机调速方法

电磁调速电动机由笼型电动机、电磁转差离合器和直流励磁电源（控制器）三部分组成。直流励磁电源功率较小，通常由单相半波或全波晶闸管整流器组成，改变晶闸管的导通角，可以改变励磁电流的大小。

电磁转差离合器由电枢、磁极和励磁绕组三部分组成。电枢和后者没有机械联系，都能自由转动。电枢与电动机转子同轴联接称为主动部分，由电动机带动；磁极用联轴节与负载轴对接称为从动部分。当电枢与磁极均静止时，如励磁绕组通以直流，则沿气隙圆周表面将形成若干对 N、S 极性交替的磁极，其磁通经过电枢。当电枢随拖动电动机旋转时，由于电枢与磁极间有相对运动，因而使电枢感应产生涡流，此涡流与磁通相互作用产生转矩，带动有磁极的转子按同一方向旋转，但其转速恒低于电枢的转速 n_1，这是一种转差调速方式，变动转差离合器的直流励磁电流，便可改变离合器的输出转矩和转速。电磁调速电动机的调速特点如下：

（1）装置结构及控制电路简单，运行可靠，维修方便。

（2）调速平滑、无级调速。

（3）对电网无谐波影响。

（4）稳定性差、效率低。

本方法适用于中、小功率，要求平滑，短时低速运行的生产机械。

3.1.6 同步电动机

同步电动机和异步电动机一样，是根据电磁感应原理工作的一种旋转电机，同步电动机是转子转速始终与定子旋转磁场的转速相同的一类交流电机。按照功率转换方式，同步电机可分为同步电动机、同步发电机、同步调相机三类。同步电动机将电能转化为机械能，用来驱动负载，由于同步电动机转速恒定，适宜于要求转速稳定的场所，目前大多数大中型排灌站采用同步电动机；同步发电机将机械能转化为电能，由于交流电在输送和使用方面的优点，现在全世界发电量几乎全部都是同步发电机发出的；同步调相机实际上就是一台空载运行的同步电动机，专门用来调节电网的功率因数。

1. 同步电动机的结构

同步电动机按结构形式不同，可分为旋转电枢式和旋转磁极式两种。旋转电枢式电动机仅仅适用于小容量的同步电动机；而旋转磁极式电动机按照磁极形式又可分为凸极式和隐极式（图 3-17）。隐极式转子做成圆柱形，转子上无凸出的磁极，气隙是均匀的，励磁绕组为分布绕组，一般用于两极电动机；而凸极式转子有明显凸出的磁极，气隙不均匀，极靴下的气隙小，极间部分的气隙较大，励磁绕组为集中绕组，一般用于四级以上的电动机。

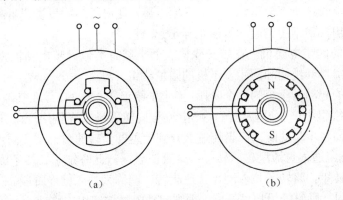

图 3-17　同步电动机的结构

（a）凸极式；（b）隐极式

从总体结构上看，常见的同步电动机都是由建立磁场的转子和产生电动势的定子两大部分组成的。转子和定子之间没有机械的和电的联系，它们是依靠气隙磁场联系起来的，依靠磁场进行能量的传递和转换。定子部分是由定子铁心和定子绕组组成的。机座、端盖和风道等也属于定子部分。定子铁心是磁场通过的部分，一般由 0.35mm 或 0.5mm 厚的硅钢片冲成有开口槽的扇形片叠成。每叠厚 4~6mm，叠与叠之间留有 1mm 宽的通风沟，铁心槽中线圈按一定规律连接构成空间互成 120°的三相对称绕组。

转子的主要作用是产生磁场，当它旋转时就会在定子线圈中感应出交流电动势，同时把轴上输入的机械功率转换为电磁功率。因此转子主要由导电的励磁绕组和导磁的铁心两部分组成上、下机架和轴承。同步电动机的轴承有导轴承和推力轴承两种，在上、下机架中均装有导轴承，主要作用是防止轴的摆动。推力轴承承受转子重量、水泵转动部分重量和水流产生的轴向推力。

2. 同步电动机的工作原理

当三相交流电源加在三相同步电动机的定子绕组时，便有三相对称电流流过定子的三相对称绕组，并产生旋转磁场。这时如果在转子励磁绕组中通以直流电，由于电磁感应原理，转子便会在旋转磁场中随旋转磁场以相同的转速一起旋转，故称为同步电动机。由于电动机空载运行时总存在阻力，因此转子磁极的轴线总要滞后旋转磁场轴线一个很小的角度，以增大电磁转矩，角度越大，电动机的电磁转矩越大，使电动机转速仍保持同步状态。当负载转矩超过同步转矩时，旋转磁场就无法拖着转子一起旋转，这种现象称为失步，同步电动机不能正常工作。

3. 同步电动机的起动

同步电动机因本身没有起动转矩，所以同步电动机自身是不能起动的，这是它的一大缺点。因为把同步电动机的定子直接投入电网，则定子旋转磁场为同步转速，而转子不动，定子、转子磁场之间具有相对运动，不能产生平均的同步电磁转矩，从而电动机不能转动。同步电动机的起动方法一般有三种：①辅助电动机起动法；②调频起动法；③异步起动法。

辅助电动机起动法不宜用来起动带有负载的同步电动机,而采用大容量的辅助电动机又显得很不经济;调频起动法则需要有一个变频电源,使得设备的投资费用高。这两种方法均在特殊情况下采用,最常用的起动方法是异步起动法。

许多大中型的同步电动机,在转子磁极表面上装有类似异步电动机笼型转子的短路绕组,称为起动绕组,其结构和同步发电机的阻尼绕组一样。

同步电动机的起动过程分为两个阶段:当定子绕组接入电网后,在气隙中产生旋转磁场,并在转子的起动绕组中产生感应电流,此电流与旋转磁场相互作用产生异步转矩使转子转动,这一过程称为异步起动阶段;当转速上升到接近同步转速时,即亚同步转速(95%同步转速),将励磁绕组通入直流励磁,转子产生直流磁场,此时定子、转子磁场间具有相互吸引力而产生同步转矩,将转子拉入同步转速旋转,即称为拉入同步阶段。

在异步起动时,励磁绕组切忌开路,否则起动时励磁绕组内将感应危险的高压,将绕组绝缘击穿并可能引起人身事故。而把励磁绕组短路则会产生较大的单轴转矩,起动电流也很大,所以起动时,励磁绕组通常通过电阻短接,其阻值为励磁绕组的5~10倍。

3.1.7 单相异步电动机

由于单相异步电动机的电源是单相交流电源,在家庭中使用十分方便,所以单相异步电动机被广泛应用于各种家用电器中。不同家用电器中的单相异步电动机在类型、结构上虽有差别,但是基本结构和工作原理是相同或相似的。

1. 单相异步电动机的基本结构

图 3-18 所示为单相异步电动机的结构,它是由定子、转子两大部分,以及机壳、端盖、轴承、风扇等部件组成的。

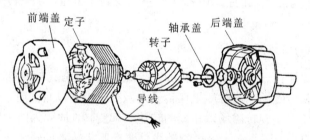

图 3-18 单相异步电动机的结构

(1)定子:由定子铁心和定子绕组构成。

① 定子铁心是由冷轧硅钢片冲压成形后叠压成圆筒状,在筒的内圆均匀分布若干凹槽,用来嵌放定子绕组。

② 定子绕组是单相异步电动机的电路部分,由主绕组和副绕组组成。

(2)转子:是由转子铁心、转子绕组和转轴构成的,如图 3-19 所示。

① 转子铁心也是用硅钢片叠压而成的。它的外圆均匀分布着若干个槽,用来嵌放转子绕组,中间穿有转轴。

② 转子绕组一般有笼型转子和绕线转子绕组两种。笼型转子绕组制作工艺简单、成本

较低，在家用电器中广泛使用，它大多是斜槽式的，绕组的导条、端环和散热用的风叶多是用铝材一次浇注成形的。

（3）其他部件：单相异步电动机还有机壳、前后端盖、风叶等部件。

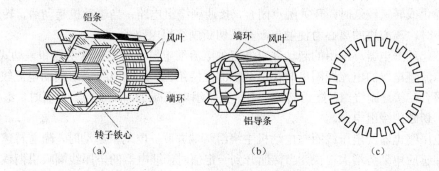

图 3-19　单相异步电动机的转子

（a）转子的结构；（b）笼型结构；（c）转子铁心硅钢片形状

2.　单相异步电动机的工作原理

异步电动机属于感应电动机。若磁极按逆时针方向旋转，形成一个旋转磁场，在旋转磁场中的转子导条切割磁力线，产生感应电动势，由于笼型转子绕组是闭合结构，所以转子绕组中产生感应电流。又因为载流导体在磁场中会受到电磁力的作用，根据右手定则，笼型转子上形成一个逆时针方向的电磁转矩，从而驱动转子跟随旋转磁场按逆时针方向转动。

若磁场按顺时针方向旋转，同理，转子也会改变方向朝顺时针方向转动。另外，磁场若加快旋转速度，则转子也会加快转动速度。

异步电动机的转子转向与旋转磁场转向一致，如果转子与旋转磁场转速相等，则转子与旋转磁场之间没有相对运动，转子导条不再切割磁力线，感应电流和电磁转矩为零，转子失去旋转动力，在固有阻力矩的作用下，转子转速必然要低于旋转磁场的转速，所以称其为异步电动机。

如果能设法使电动机转子与旋转磁场以相同的转速旋转，则这种电动机称为同步电动机。

3.　单相异步电动机的分类

为解决单相异步电动机的起动问题，必须在起动时建立一个旋转磁场，产生起动转矩。所以在电动机定子铁心上嵌放了主绕组（也称工作绕组或运行绕组）和副绕组（也称起动绕组或辅助绕组），而且两绕组在空间上相差 90° 电角度。

为了使两绕组在接同一个单相电源时能产生相位不同的两相电流，往往在副绕组中串入电容或电阻进行分相，这样的电动机称为分相式单相异步电动机。按起动、运行方式的不同，分相式异步电动机又分为电阻起动、电容起动和电容运转等类型。

还有一种结构简单的单相异步电动机，其定子与分相式电动机定子不同，根据其定子磁极的结构特点被称为罩极式电动机。

1）电阻起动式异步电动机

电阻起动式异步电动机起动转矩较小，起动电流较大，适用于空载或轻载起动的场合。

起动开关 S 的作用是避免副绕组长时间工作过热，当转子转速上升到一定大小时，自动断开副绕组。这时只有主绕组通电，电动机在脉动磁场下维持运行。常用的起动开关有以下几种：

（1）离心开关。离心开关是根据离心原理制成的。将离心开关装在电动机的转轴上，当电动机静止或转速较低时，开关触点闭合，接通副绕组电路；当电动机起动后，转速上升到一定大小时，离心块的离心力使触点断开，切断副绕组电路。

（2）起动继电器。常用的起动继电器有欠电流继电器、过电压继电器和差动式继电器。

欠电流继电器的电流线圈串联在电动机的主绕组上。起动时主绕组起动电流较大，继电器触点吸合，接通副绕组；随着转速上升，主绕组电流减小，减小到一定值时，继电器的触点断开，切断副绕组电源。

过电压继电器的电压线圈与电动机主绕组两端并联。电动机起动时，随着转速上升，副绕组两端感应电动势增大很快，当转速升到一定值时，继电器的电压线圈吸引衔铁，使触点动作，切断副绕组。

差动式继电器实际上是前两种起动继电器的组合，把差动式继电器的电流线圈与主绕组串联，电压线圈与主绕组并联，两个线圈对衔铁的吸引力方向相反。起动时动断触点接通副绕组，当电动机转速升至一定值时，电压线圈因电压增大，对衔铁的吸引力加大；而此时电流线圈因起动电流减小，吸引力减小，而使继电器触点可靠断开。

（3）PTC 起动器。PTC 起动器实际上是一个正温度系数的热敏电阻，将其串联在副绕组电路中。电动机刚起动时温度很低，电阻很小，副绕组相当于被接通。当起动一段时间后，由于电流的热效应，温度升高，PTC 起动器的电阻变得很大，相当于副绕组被断开。

2）电容起动式异步电动机

电容起动式异步电动机具有良好的起动性能，起动力矩较大，起动电流较小，适用于重载起动的场合。

3）电容运转式异步电动机

电容运转式异步电动机与电容起动式异步电动机相似，只是绕组电路中不设置起动开关。电容运转式异步电动机的副绕组不仅用于起动，而且参与运行，实际上是一个两相电动机。

电容运转式异步电动机具有体积小、质量小、噪声小、效率和功率因数较高、起动转矩低、运行性能好的特点。

4）罩极式电动机

罩极式电动机是一种结构简单、成本低、噪声小的单相异步电动机，按其定子结构分为凸极式（见图 3-20）和隐极式两种。

凸极式罩极电动机的定子绕组也有两套绕组。主绕组采用集中绕组形式套在凸起的定子磁极上；在凸起的一侧开有小槽，槽内套入一个较粗的短路铜环（也称罩极线圈）作为副绕组，罩住 1/3 磁极表面。为了改善电动机的磁场，两磁极间一般插有磁分流片（也称磁桥），也可以直接与磁极做成一体。

罩极式电动机的起动和运行性能较差，效率和功率因数较低，只适用于空载或轻载起动的小容量负载。

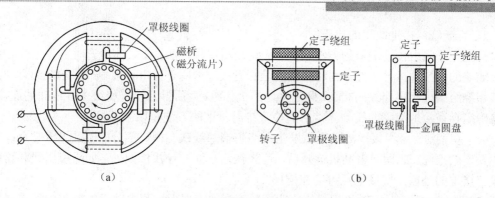

图 3-20　凸极式罩极电动机的结构

（a）圆形定子；（b）框形定子

3.1.8　三相异步电动机的维修

三相异步电动机的定子绕组是产生旋转磁场的部分。腐蚀性气体的侵入，机械力和电磁力的冲击，以及绝缘的老化、受潮等原因，都会影响异步电动机的正常运行。另外，异步电动机在运行中长期过载、过电压、欠电压、断相等，也会引起定子绕组故障。定子绕组的故障是多种多样的，其产生的原因也各不相同。常见的故障有以下几种，应针对不同故障采取不同的检修方法。

1. 定子绕组接地故障

三相异步电动机的绝缘电阻较低，虽经加热烘干处理，绝缘电阻仍很低，经检测发现定子绕组已与定子铁心短接，即绕组接地。绕组接地后会使电动机的机壳带电，绕组过热，从而导致短路，造成电动机不能正常工作。

1）定子绕组接地的原因

（1）绕组受潮。长期备用的电动机，经常由于受潮而使绝缘电阻值降低，甚至失去绝缘作用。

（2）绝缘老化。电动机长期过载运行，导致绕组及引线的绝缘热老化，降低或丧失绝缘强度而引起电击穿，导致绕组接地。绝缘老化现象为绝缘发黑、枯焦、酥脆、破裂和剥落。

（3）绕组制造工艺不良，以致绕组绝缘性能下降。

（4）绕组线圈重绕后，在嵌放绕组时操作不当而损伤绝缘，线圈在槽内松动，端部绑扎不牢，冷却介质中尘粒过多，使电动机在运行中线圈发生振动、摩擦及局部位移而损坏主绝缘，或槽绝缘移位，造成导线与铁心相碰。

（5）铁心硅钢片凸出，或有尖刺等损坏了绕组绝缘，或定子铁心与转子相擦，使铁心过热，烧毁槽楔或槽绝缘。

（6）绕组端部过长，与端盖相碰。

（7）引线绝缘损坏，与机壳相碰。

（8）电动机受雷击或电力系统过电压而使绕组绝缘击穿损坏等。

（9）槽内或线圈上附有铁磁物质，在交变磁通作用下产生振动，将绝缘磨穿。若铁磁物质较大，则易产生涡流，引起绝缘的局部热损坏。

2）定子绕组接地故障的检查

检查定子绕组接地故障的方法很多，无论使用哪种方法，在具体检查时首先应将各相绕组接线端的连接片拆开，再分别逐相检查是否有接地故障。找出有接地故障的绕组后，再拆开该相绕组的极相组连线的接头，确定接地的极相组。最后拆开该极相组中各线圈的连接头，最终确定存在接地故障的线圈。常用的检查绕组接地的方法有以下几种。

（1）观察法。绕组接地故障经常发生在绕组端部或铁心槽口部分，而且绝缘常有破裂和烧焦发黑的痕迹。因而当电动机拆开后，可先在这些地方寻找接地处。如果引出线和这些地方没有接地的迹象，则接地点可能在槽里。

（2）绝缘电阻表检查法。用绝缘电阻表检查时，应根据被测电动机的额定电压来选择绝缘电阻表的等级。500V 以下的低压电动机，选用 500V 的绝缘电阻表；3kV 的电动机采用 1000V 的绝缘电阻表；6kV 以上的电动机应选用 2500V 的绝缘电阻表。测量时，绝缘电阻表的一端接电动机的绕组，另一端接电动机的机壳。按 120r/min 的速度摇动摇柄，若指针指向零，表示绕组接地；若指针摇摆不定，说明绝缘已被击穿；如果绝缘电阻在 $0.5M\Omega$ 以上，则说明电动机绝缘正常。

（3）万用表检查法。用万用表检查时，先将三相绕组之间的连接线拆开，使各相绕组互不接通。然后将万用表的量程旋到 $R\times10k\Omega$ 挡位上，将一只表笔碰触在机壳上，另一只表笔分别碰触三相绕组的接线端。若测得的电阻较大，则表明没有接地故障；若测得的电阻很小或为零，则表明该相绕组有接地故障。

（4）校验灯检查法。将绕组的各相接头拆开，用一只 40～100W 的灯泡串接于 220V 相线与绕组之间。一端接机壳，另一端依次接三相绕组的接头。若校验灯亮，表示绕组接地；若校验灯微亮，说明绕组绝缘性能变差或漏电。

（5）冒烟法。在电动机的定子铁心与线圈之间加一低电压，并用调压器来调节电压，逐渐升高电压后接地点会很快发热，使绝缘烧焦并冒烟，此时应立即切断电源，在接地处做好标记。采用此法时应掌握通入电流的大小。一般小型电动机不超过额定电流的两倍，时间不超过 0.5min；对于容量较大的电动机，则应通入额定电流的 20%～50%，或者逐渐增大电流至接地处冒烟为止。

（6）电流定向法。将有故障一相绕组的两个头接起来，如将 U 相首、末端并联加直流电压。电源可用 6～12V 蓄电池，串联电流表和可调电阻。调节可调电阻，使电路中电流为 0.2～0.4 倍的额定电流，则故障槽内的电流流向接地点。此时若用小磁针在被测绕组的槽口移动，观察小磁针的方向变化，可确定故障的槽号，再从找到的槽号上、下移动小磁针，观察磁针的变化，则可找到故障的位置。

（7）分段淘汰法。如果接地点位置不易发现，可采用此法进行检查。首先应确定有接地故障的相绕组；其次在极相组的连接线中间位置剪断或拆开，使该相绕组分成两半；然后用万用表、绝缘电阻表或校验灯等进行检查。电阻为零或校验灯亮的一半有接地故障存在。接着把接地故障这部分的绕组分成两部分，以此类推分段淘汰，逐步缩小检查范围，最后就可找到接地的线圈。

实践证明，电动机的接地点绝大部分发生在线圈伸出铁心端部槽口的位置上。若该处的接地不严重，可先加热软化后，用竹片或绝缘材料插入线圈与铁心之间，再做检查。若不接

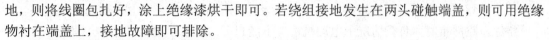

地，则将线圈包扎好，涂上绝缘漆烘干即可。若绕组接地发生在两头碰触端盖，则可用绝缘物衬在端盖上，接地故障即可排除。

3）定子绕组接地故障的检修

当绕组接地的故障程度较轻，又便于查找和修理时，都可以进行局部修理。

（1）接地点在槽口。当接地点在端部槽口附近且又没有严重损伤时，可按下述步骤进行修理。

① 在接地的绕组中通入低压电流加热，在绝缘软化后打出槽楔。

② 用划线板把槽口的接地点撬开，使导线与铁心之间产生间隙；再将与电动机绝缘等级相同的绝缘材料剪成适当的尺寸，插入接地点的导线与铁心之间；最后用小木槌将其轻轻打入。

③ 在接地位置垫放绝缘以后，将绝缘纸对折起来，打入槽楔。

（2）槽内线圈上层边接地。可按下述步骤检修。

① 在接地的线圈中通入低压电流加热，待绝缘软化后，再打出槽楔。

② 用划线板将槽机绝缘分开，在接地的一侧，按线圈排列的顺序，从槽内翻出一半线圈。

③ 使用与电动机绝缘等级相同的绝缘材料，垫放在槽内接地的位置。

④ 按线圈排列顺序，把翻出槽外的线圈再嵌入槽内。

⑤ 滴入绝缘漆，并通入低压电流加热、烘干。

⑥ 将槽绝缘对折起来，放上对折的绝缘纸，再打入槽楔。

（3）槽内线圈下层边接地。可按下述步骤检修。

① 在线圈内通入低压电流加热。待绝缘软化后，即撬动接地点，使导线与铁心之间产生间隙，然后清理接地点，并垫进绝缘。

② 用校验灯或绝缘电阻表等检查故障是否消除。如果接地故障已消除，则按线圈排列顺序将下层边的线圈整理好，再垫放层间绝缘，然后嵌进上层线圈。

③ 滴入绝缘漆，并通入低压电流加热、烘干。

④ 将槽绝缘对折起来，放上对折的绝缘纸，再打入槽楔。

（4）绕组端部接地。可按下述步骤检修。

① 先把损坏的绝缘刮掉并清理干净。

② 将电动机定子放入烘房进行加热，使其绝缘软化。

③ 用硬木做成的打板对绕组端部进行整形处理。整形时，用力要适当，以免损坏绕组的绝缘。

④ 对于损坏的绕组绝缘，应重新包扎同等级的绝缘材料，并涂刷绝缘漆，然后进行烘干处理。

2. 定子绕组短路故障

定子绕组短路是异步电动机中经常发生的故障。绕组短路可分为匝间短路和相间短路，其中相间短路包括相邻线圈短路、极相组之间短路和两相绕组之间的短路。匝间短路是指线圈中串联的两个线匝因绝缘层破裂而短路。相间短路是由于相邻线圈之间的绝缘层损坏而短路，一个极相组的两根引线被短接，以及三相绕组的两相之间因绝缘损坏而造成的短路。

绕组短路严重时，负载情况下电动机根本不能起动。短路匝数少，电动机虽能起动，但电流较大且三相不平衡，导致电磁转矩不平衡，使电动机产生振动，发出"嗡嗡"响声，短路匝中流过很大电流，使绕组迅速发热、冒烟并发出焦臭味，甚至烧坏。

1）定子绕组短路的原因

（1）修理时嵌线操作不熟练，造成绝缘损伤，或在焊接引线时烙铁温度过高、焊接时间过长而烫坏线圈的绝缘。

（2）绕组因年久失修而使绝缘老化，或绕组受潮，未经烘干便直接运行，导致绝缘击穿。

（3）电动机长期过载，绕组中电流过大，使绝缘老化变脆，绝缘性能降低而失去绝缘作用。

（4）定子绕组线圈之间的连接线或引线绝缘不良。

（5）绕组重绕时，绕组端部或双层绕组槽内的相间绝缘没有垫好或击穿损坏。

（6）轴承磨损严重，使定子和转子铁心相擦产生高热，而使定子绕组绝缘烧坏。

（7）雷击、连续起动次数过多或过电压击穿绝缘。

2）定子绕组短路故障的检查

定子绕组短路故障的检查方法有以下几种。

（1）观察法。观察定子绕组有无烧焦绝缘或有无浓厚的焦味，可判断绕组有无短路故障。也可让电动机运转几分钟后，切断电源停车之后，立即将电动机端盖打开，取出转子，用手触摸绕组的端部，感觉温度较高的部位即是短路线匝的位置。

（2）万用表（绝缘电阻表）法。将三相绕组的头尾全部拆开，用万用表或绝缘电阻表测量两相绕组间的绝缘电阻，其阻值为零或很低，即表明两相绕组有短路。

（3）直流电阻法。当绕组短路情况比较严重时，可用电桥测量各相绕组的直流电阻，电阻较小的绕组即为短路绕组（一般阻值偏差不超过 5% 可视为正常）。

若电动机绕组为三角形联结，应拆开一个连接点再进行测量。

（4）电压法。将一相绕组的各极相组连接线的绝缘套管剥开，在该相绕组的出线端通入 $50 \sim 100V$ 低压交流电或 $12 \sim 36V$ 直流电，然后测量各极相组的电压降，读数较小的即为短路绕组。为进一步确定是哪一只线圈短路，可将低压电源改接在极相组的两端，再在电压表上连接两根套有绝缘的插针，分别刺入每只线圈的两端，其中测得的电压最低的线圈就是短路线圈。

（5）电流平衡法。电源变压器可用 36V 变压器或交流电焊机。每相绕组串接一只电流表，通电后记下电流表的读数，电流过大的一相即存在短路。

（6）短路侦察器法。短路侦察器是一个开口变压器，它与定子铁心接触的部分做成与定子铁心相同的弧形，宽度也做成与定子齿距相同。其检查方法如下：

取出电动机的转子，将短路侦察器的开口部分放在定子铁心中所要检查的线圈边的槽口上，给短路侦查器通入交流电，这时短路侦查器的铁心与被测定子铁心构成磁回路，而组成一个变压器，短路侦察器的线圈相当于变压器的一次绕组，定子铁心槽内的线圈相当于变压器的二次绕组。如果短路侦察器是处在短路绕组，则形成类似一个短路的变压器，这时串接在短路侦察器线圈中的电流表将显示出较大的电流值。用这种方法沿着被测电动机的定子铁心内圆逐槽检查，找出电流最大的那个线圈就是短路的线圈。

如果没有电流表，也可用约 0.6mm 厚的钢锯条放在被测线圈的另一个槽口，若有短路，则这片钢锯条就会产生振动，说明这个线圈就是故障线圈。对于多路并联的绕组，必须将各个并联支路打开，才能采用短路侦察器进行测量。

（7）感应电压法。将 12～36V 单相交流电通入 U 相，测量 V、W 相的感应电压；然后通入 V 相，测量 W、U 相的感应电压；再通入 W 相，测量 U、V 相的感应电压。记下测量的数值进行比较，感应电压偏小的一相即有短路。

3）定子绕组短路故障的检修

在查明定子绕组的短路故障后，可根据具体情况进行相应的修理。根据维修经验，最容易发生短路故障的位置是同极同相、相邻的两只线圈，上、下两层线圈及线圈的槽外部分。

（1）端部修理法。如果短路点在线圈端部，是因接线错误而导致的短路，可拆开接头，重新连接。当连接线绝缘管破裂时，可将绕组适当加热，撬开引线处，重新套好绝缘套管或用绝缘材料垫好。当端部短路时，可在两绕组端部交叠处插入绝缘物，将绝缘损坏的导线包上绝缘布。

（2）拆修重嵌法。在故障线圈所在槽的槽楔上，刷涂适当溶剂（丙酮 40%，甲苯 35%，酒精 25%），约半小时后，抽出槽楔并逐匝取出导线，用聚氯胶带将绝缘损坏处包扎好，重新嵌回槽中。如果故障在底层导线中，则必须将妨碍修理操作的邻近上层线圈边的导线取出槽外，待有故障的线匝修理完毕后，再依次嵌回槽中。

（3）局部调换线圈法。如果同心绕组的上层线圈损坏，可将绕组适当加热软化，完整地取出损坏的线圈，仿制相同规格的新线圈嵌到原来的线槽中。对于同心式绕组的底层线圈和双层叠绕组线圈短路故障，可采用"穿绕法"修理。穿绕法较为省工省料，还可以避免损坏其他好线圈。

穿绕修理时，先将绕组加热至 80℃左右使绝缘软化，然后将短路线圈的槽楔打出，剪断短路线圈两端，将短路线圈的导线一根一根抽出。接着清理线槽，用一层聚酯薄膜复合青壳纸卷成圆筒，插入槽内形成一个绝缘套。穿线前，在绝缘套内插入钢丝或竹签（打蜡）后作为假导线，假导线的线径比线径略粗，根数等于线匝数。导线按短路线圈总长剪断，从中点开始穿线。导线的一端（左端）从下层边穿起，按下 1、上 2、下 3、上 4 的次序穿绕，另一端（右端）从上层边穿起，按上 5、下 6、上 7、下 8 的次序穿绕。穿绕时，抽出一根假导线，随即穿入一根新导线，以免导线或假导线在槽内发生移动。穿绕完毕，整理好端部，然后进行接线，并检查绝缘和进行必要的试验，经检测确定绝缘良好并经空载试车正常后，才能浸漆、烘干。

对于单层链式或交叉式绕组，在拆除故障线圈之后，把上面的线圈端部压下来填充空隙，另制一组导线直径和匝数相同的新线圈，从绕组表层嵌入原来的线槽内。

（4）截除故障点法。对于匝间短路的一些线圈，在绕组适当加热后，取下短路线圈的槽楔，并截断短路线圈的两边端部，小心地将导线抽出槽外，接好余下线圈的断头，而后再进行绝缘处理。

（5）去除线圈法或跳接法。在急需使用电动机，而一时又来不及修复时，可进行跳接处理，即把短路的线圈废弃，跳过不用，用绝缘材料将断头包好。但这种方法会造成电动机三相电磁不平衡，恶化电动机性能，应慎用，事后应进行补救。

3. 定子绕组断路故障

当电动机定子绕组中有一相发生断路，电动机为星形联结时，通电后发出较强的"嗡嗡"声，起动困难，甚至不能起动，断路相电流为零。当电动机带一定负载运行时，若突然发生一相断路，电动机可能还会继续运转，但其他两相电流将增大许多，并发出较强的"嗡嗡"声。对于三角形联结的电动机，虽能自行起动，但三相电流极不平衡，其中一相电流比另外两相约大 70%，且转速低于额定值。采用多根并绕或多支路并联绕组的电动机，其中一根导线断线或一条支路断路并不造成一相断路，这时用电桥可测得断线或断支路相的电阻值比另外两相大。

1）定子绕组断路的原因

（1）绕组端部伸在铁心外面，导线易被碰断，或由于接线头焊接不良，长期运行后脱焊，以致造成绕组断路。

（2）导线质量低劣，导线截面有局部缩小处，原设计或修理时导线截面积选择偏小，以及嵌线时刮削或弯折致伤导线，运行中通过电流时局部发热产生高温而烧断。

（3）接头脱焊或虚焊，多根并绕或多支路并联绕组断线未及时发现，经一段时间运行后发展为一相断路，或受机械力影响断裂及机械碰撞使线圈断路。

（4）绕组内部短路或接地故障，没有发现，长期过热而烧断导线。

2）定子绕组断路故障的检查

实践证明，断路故障大多数发生在绕组端部、线圈的接头及绕组与引线的接头处。因此，发生断路故障后，首先应检查绕组端部，找出断路点，重新进行连接、焊牢，包上相应等级的绝缘材料，再经局部绝缘处理，涂上绝缘漆晾干，即可继续使用。定子绕组断路故障的检查方法有以下几种。

（1）观察法。仔细观察绕组端部是否有碰断现象，找出碰断处。

（2）万用表法。将电动机出线盒内的连接片取下，用万用表或绝缘电阻表测各相绕组的电阻，当电阻大到几乎等于绕组的绝缘电阻时，表明该相绕组存在断路故障。

（3）校验灯法。小灯泡与电池串联，两根引线分别与一相绕组的头尾相连，若有并联支路，拆开并联支路端头的连接线；有并绕的，则拆开端头，使之互不接通。如果灯不亮，则表明绕组有断路故障。

（4）三相电流平衡法。对于 10kW 以上的电动机，由于其绕组都采用多股导线并绕或多支路并联，往往不是一相绕组全部断路，而是一相绕组中的一根或几根导线或一条支路断开，所以检查起来较麻烦，这种情况下可采用三相电流平衡法来检测。

将异步电动机空载运行，用电流表测量三相电流。如果星形联结的定子绕组中有一相部分断路，则断路相的电流较小。如果三角形联结的定子绕组中有一相部分断路，则三相线电流中有两相的线电流较小。

如果电动机已经拆开，不能空载运行，这时可用单相交流电焊机作为电源进行测试。当电动机的三相绕组采用星形联结时，需将三相绕组串入电流表后再并联，然后接通单相交流电源，测试三相绕组中的电流，若电流值相差 5% 以上，电流较小的一相绕组可能有部分断路。当电动机的三相绕组采用三角形联结时，应先将绕组的接头拆开，然后将电流表分别串接在每相绕组中，测量每相绕组的电流。比较各相绕组的电流，其中电流较小的一相绕组即为断路相。

（5）电阻法。用直流电桥测量三相绕组的直流电阻，如三相直流电阻相差大于 2%，电阻较大的一相即为断路相。对于每相绕组均有两个引出线引出机座的电动机，可先用万用表找出各相绕组的首、末端，然后用直流电桥分别测量各相绕组的电阻 R_U、R_V 和 R_W，最后进行比较。

3）定子绕组断路故障的检修

查明定子绕组断路部位后，即可根据具体情况进行相应的修理，检修方法如下：

（1）当绕组导线接头焊接不良时，应先拆下导线接头处包扎的绝缘，断开接头，仔细清理，除去接头上的油污、焊渣及其他杂物。如果原来是锡焊焊接的，则先进行搪锡，再用烙铁重新焊接牢固并包扎绝缘。若采用电弧焊焊接，则既不会损坏绝缘，接头也比较牢靠。

（2）引线断路时应更换同规格的引线。若引线长度较长，可缩短引线，重新焊接接头。

（3）槽内线圈断线的处理。出现该故障现象时，应先将绕组加热，翻起断路的线圈，然后用合适的导线接好焊牢，包扎绝缘后再嵌回原线槽，封好槽口并刷上绝缘漆。注意，接头处不能在槽内，必须放在槽外两端。另外，也可以调换新线圈。有时遇到电动机急需使用，一时来不及修理，也可以采取跳接法，直接短接断路的线圈，但此时应降低负载运行。这对于小功率电动机以及轻载、低速电动机是比较适用的。这是一种应急修理办法，事后应采取适当的补救措施。如果绕组断路严重，则必须拆除绕组重绕。

（4）当绕组端部断路时，可采用电吹风对断线处加热，软化后把断头端挑起来，刮掉断头端的绝缘层，随后将两个线端插入玻璃丝漆套管内，并顶接在套管的中间位置进行焊接。焊好后包扎相应等级的绝缘，然后涂上绝缘漆晾干。修理时还应注意检查邻近的导线，如有损伤，也要进行接线或绝缘处理。对于绕组有多根断线的，必须仔细查出哪两根线对应相接，否则接错将造成自行断路。多根断线的每两个线端的连接方法与上述单根断线的连接方法相同。

 任务实施

1. 准备

（1）工具：槽楔、老虎钳、绕线机、活动线模、蜡线、嵌线板、压线板、裁纸刀、剪刀、活扳手、常用电工工具等。

（2）仪表：绝缘电阻表、万用表。

（3）器材：Y112M-2 型三相异步电动机、覆膜绝缘纸、砂纸。

2. 实施步骤

1）拆卸

（1）拆卸前的准备。

① 查阅并记录被拆电动机的型号和主要技术参数。

② 在刷架处、端盖与机座配合处等做好标记，以便于装配。

（2）拆卸步骤。按照图 3-21 所示的顺序拆卸电动机。

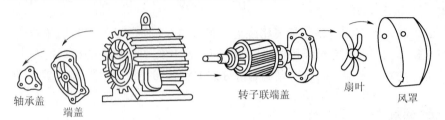

轴承盖　端盖　　　　　　　　　　　　　　转子联端盖　　扇叶　　风罩

图 3-21　电动机的拆卸顺序

（3）注意事项：在拆卸过程中要保护电动机定子绕组的绝缘，各元件小心轻放。

2）维修

三相异步电动机最常见的故障是定子绕组损坏。维修定子绕组的步骤如下：

（1）拆卸步骤如下：

① 将槽楔全部取出，相间绝缘全部取出。

② 用嵌线板挑出线圈并整理放好，检查表面绝缘情况。

③ 按照要求计算绕组数据并调整绕线模板。

绕线模尺寸的确定：在拆线时应保留一个完整的旧线圈，作为选用新绕组尺寸的依据。新线圈尺寸可直接从旧线圈上测量得出。然后用一段导线按已确定的节距在定子上先测量一下，试做一个绕线模模型来确定绕线模尺寸。端部不要太长或太短，以方便嵌线为宜。

④ 绕制线圈。

⑤ 裁制绝缘。

⑥ 嵌线圈。

24 槽三相 4 极电动机单层链式绕组嵌线工艺：先将第一个线圈的一个有效边嵌入槽 6 中，线圈的另一个有效边暂时还不能嵌入槽 1 中。因为线圈的另一个有效边要等到线圈十一和十二的一个有效边分别嵌入槽 2、槽 4 中之后，才能嵌到槽 1 中去。为了防止未嵌入槽内的线圈边和铁心角相擦破坏导线绝缘层，要在导线的下面垫上一块牛皮纸或绝缘纸。嵌线示意图如图 3-22 所示。

空一个槽（7 号槽）暂时不嵌线，再将第二个线圈的一个有效边嵌入槽 8 中。同样，线圈二的另一个有效边要等线圈十二的一个有效边嵌入槽 4 以后才能嵌入槽 3 中，如图 3-22（a）所示。然后，再空一个槽（9 号槽）暂不嵌线，将线圈三的一个有效边嵌入槽 10 中。这时，由于第一、二线圈的有效边已嵌入槽 6 和槽 8 中去了，所以第三个线圈的另一个有效边就可以嵌入槽 5 中。接下来的嵌法和第三个线圈一样，依次类推，直到全部线圈的有效边都嵌入槽中后，才能将开始嵌线的线圈一和线圈二的另一个有效边分别嵌入槽 1 和槽 3 中去，如图 3-22（b）所示。

因为嵌线是电动机装配中的主要环节，所以每一步都必须按照特定的工艺要求进行。

嵌线前，应先把绕好线圈的引线理直，套上黄蜡管，并将引槽纸放入槽内，但绝缘纸要高于槽口 25～30mm，在槽外部分张开。为了加强槽口两端绝缘及机械强度，绝缘纸两端伸出部分应折叠成双层，两端应伸出铁心 10mm 左右。然后，将线圈的宽度稍微压缩，使其便于放入定子槽内。

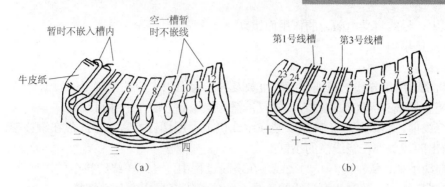

图 3-22　24 槽三相 4 极电动机单层链式绕组嵌线示意图

（a）开始嵌线时；（b）嵌线完成时

　　嵌线时，最好在线圈上涂一些蜡，这样有利于嵌线。然后，用手将导线的一边疏散开，用手指将导线捻成一个扁片，从定子槽的左端轻轻顺入绝缘纸中，再顺势将导线轻轻地从槽口左端拉入槽内。在导线的另一边与铁心之间垫一张牛皮纸，防止线圈未嵌入的有效边与定子铁心摩擦，划破导线绝缘层。若一次拉入有困难，可将槽外的导线理好放平，再用划线板把导线一根一根地划入槽内，如图 3-23 所示。

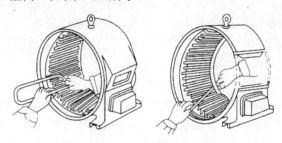

图 3-23　嵌线示意图

　　嵌线时要细心。嵌好一个线圈后要检查一下，看其位置是否正确，然后，再嵌下一个线圈。导线要放在绝缘纸内，若把导线放在绝缘纸与定子槽的中间，将会造成线圈接地或短路。

　　嵌完线圈，如槽内导线太满，可用压线板沿定子槽来回地压几次，将导线压紧，以便能将竹楔顺利打入槽口，但一定注意不可猛撬。嵌完后，用剪刀将高于槽口 5mm 以上的绝缘纸剪去。用划线板将留下的 5mm 绝缘纸分别向左或向右划入槽内。将竹楔一端插入槽口，压入绝缘纸，用小锤轻轻敲入。竹楔的长度要比定子槽长 7mm 左右，其厚度不能小于 3mm，宽度应根据定子槽的宽窄和嵌线后槽内的松紧程度来确定，以导线不发生松动为宜。

　　线圈端部、每个极相端之间必须加垫绝缘物。根据绕组端部的形状，可将相间绝缘纸剪裁成三角形等形状，高出端部导线 5～8mm，插入相邻的两个绕组之间，下端与槽绝缘接触，把两相绕组完全隔开。单层绕组相间绝缘可用两层 0.18mm 的绝缘漆布或一层聚酯薄膜复合青壳纸。

　　为了不影响通风散热，同时又使转子容易装入定子内膛，必须对绕组端部进行整形，形成外大里小的喇叭口。整形方法：用手按压绕组端部的内侧，或用橡胶锤敲打绕组，严禁损伤导线漆膜和绝缘材料使绝缘性能下降，以致发生短路故障。

　　端部整形后，用白布带对绕组线圈进行统一包扎，虽然定子是静止不动的，但电动机在起动过程中，导线将受电磁力的作用而掀动。

（2）注意事项。

① 绕线注意事项：

a. 新绕组所用导线的粗细、绕制匝数及导线截面积，应按原绕组的数据选择。

b. 检查导线有无掉漆的地方，如有，需涂绝缘漆，晾干后才可绕线。

c. 绕线前，将绕线模正确地安装在绕线机上，用螺钉拧紧，导线放在绕线架上，将线圈始端留出的线头缠在绕线模的小钉上。

d. 摇动手柄，从左向右开始绕线。在绕线过程中，导线在绕线模中要排列整齐、均匀，不得交叉或打结，并随时注意导线的质量，如果绝缘有损坏应及时修复。

e. 若在绕线过程中发生断线，可在绕完后再焊接接头，但必须把焊接点留在线圈的端接部分，而不准留在槽内，因为在嵌线时槽内部分的导线要承受机械力，容易损坏。

f. 将扎线放入绕线模的扎线口中，绕到规定匝数时，将线圈从绕线槽上取下，逐一清数线圈匝数，不够的添上，多余的拆下，再用线绳扎好。然后按规定长度留出接线头，剪断导线，从绕线模上取下即可。

g. 采用连绕的方法可减少绕组间的接头。把几个同样的绕线紧固在绕线机上，绕法同上，绕完一把用线绳扎好，直到全部完成。按次序把线圈从绕线模上取下，整齐地放在搁线架上，以免碰破导线绝缘层或把线圈弄脏、弄乱，影响线圈质量。

h. 绕线机经长时间使用后，齿轮啮合不好，标度不准，一般不用于连绕；用于单把绕线时也应即时校正，绕后清数，确保匝数的准确性。

② 异步电动机定子绕组绝缘裁制及安放注意事项：

为了保证电动机的质量，新绕组的绝缘必须与原绕组的绝缘相同。小型电动机定子绕组的绝缘一般用两层 0.12mm 厚的电缆纸，中间隔一层玻璃（丝）漆布或黄蜡绸。绝缘纸外端部最好用双层，以增加强度。槽绝缘的宽度以放到槽口下角为宜，嵌线时另用引槽纸。伸出槽外的绝缘如图 3-24 所示。

如果是双层绕组，则上、下层之间的绝缘一定要垫好，层间绝缘宽度为槽中间宽度的 1.7 倍，使上、下层导线在槽内的有效边严格分开。为了方便，不用引槽纸也可以，只要将绝缘纸每边高出铁心内径 25~30mm 即可。绝缘的大小如图 3-25 所示。

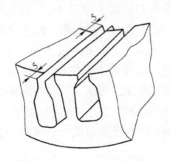

图 3-24 伸出槽外的绝缘

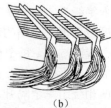

图 3-25 绝缘的大小

（a）嵌线前；（b）嵌线后

线圈端部的相间绝缘可根据线圈节距的大小来裁制，保持相间绝缘良好。

③ 嵌线注意事项：不能过于用力把线圈的两端向下按，以免定子槽的端口将导线绝缘

层划破。

3）安装

（1）判断绕组的首、尾端。绕组的首、尾端若安装不正确，则电动机无法正常工作。因此，在安装接线盒之前，需要先判断三相异步电动机绕组的首、尾端（或称为同极性端）。

首先确定一个绕组的两个出线端，接下来判别首尾端，具体方法有直流法、交流法和剩磁法。具体连接线路如图 3-26 所示。

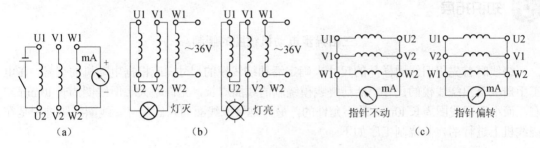

图 3-26　三相异步电动机定子绕组首尾端的判别

（a）直流法；（b）交流法；（c）剩磁法

① 直流法。直流法的具体步骤如下：

a. 用万用表电阻挡分别找出三相绕组中各相的两个线头。

b. 假设各相绕组编号分别为 U1、U2，V1、V2 和 W1、W2。

c. 按图 3-26（a）所示接线，观察万用表的指针摆动情况。

d. 合上开关瞬间若指针正偏，则电池正极的线头与万用表负极（黑表笔）所接的线头同为首端或尾端；若指针反偏，则电池正极的线头与万用表正极（红表笔）所接的线头同为首端或尾端。再将电池盒开关接另一相的两个线头进行测试，就可正确判别各相的首尾端。

② 交流法。假设各相绕组编号分别为 U1、U2，V1、V2 和 W1、W2，按图 3-26（b）所示接线。接通电源，若灯灭，则两个绕组相连接的线头同为首端或尾端；若灯亮，则不同为首端或尾端。

③ 剩磁法。假设异步电动机存在剩磁。假设各相绕组编号分别为 U1、U2、V1、V2 和 W1、W2，按图 3-26（c）所示接线并转动电动机转子。若万用表指针不动，则证明首尾端假设编号是正确的；若万用表指针摆动，则说明其中一相首尾端假设编号不对，应逐相对调重测，直至正确为止。

注意：若万用表指针不动，则还应证明电动机存在剩磁；具体方法是改变接线，使线头编号接反，转动转子后若指针仍不动，则说明没有剩磁，若指针摆动则表明有剩磁。

（2）安装。安装过程与拆卸过程相反，在此不再赘述。

4）测试

为保证检修后的电动机能正常运行，在整机安装好通电之前，需对电动机进行检测。检测步骤如下：

（1）观察外观是否完整，除接线盒之外有无裸露线圈及线头。

（2）慢慢转动转子，转子应能顺畅转动。如不能，需检查轴承和端盖是否安装过紧。

（3）对电动机的绝缘性能（相间绝缘、对地绝缘）进行检测。

在测量相间绝缘时，将绝缘电阻表的两个接线柱分别连接到三相绕组中的任意两相上（取一个接线头即可），以 120r/min 的速度摇动绝缘电阻表的手柄，所测绝缘电阻应不小于 0.5MΩ；在测量对地绝缘时，把绝缘电阻表未标接地符号的一端接到电动机绕组的引出线端，把标有接地符号的一端接在电动机的机座上，以 120r/min 的速度摇动绝缘电阻表的手柄，所测绝缘电阻应不小于 0.5MΩ。

知识拓展

三相异步电动机线圈的绕制

绕线时首先用旧线圈样品的尺寸来确定活动绕线模的尺寸，或根据电动机的型号，在电工手册上查出绕线模的尺寸。活动绕线模绕制的线圈周长，允许略大于旧线圈周长 10mm 左右，而小于旧线圈周长 10mm 是不允许的，最好维持原线圈周长的尺寸。线圈绕制过程是在绕线机上进行的，其绕制工序如下：

1. 核对导线数据

对导线的型号、线径和并绕根数检查核实后，将漆包线盘置于放线架上。

2. 确定线圈尺寸

将绕线模装入绕线机后固定，调整绕线模大小以确定线圈尺寸，再检查并调整计数器置零，如图 3-27（a）所示。

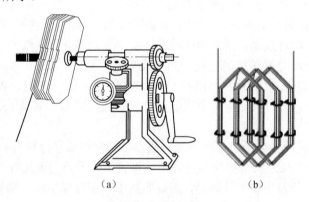

（a）　　　　　　　　　　　（b）

图 3-27　绕线圈

（a）绕制线圈；（b）绕扎好的线圈

3. 确定线圈的匝数及个数

从放线架抽出导线，平行排列（并绕时）穿过浸蜡毛毡夹线板，按规定的规格，根据一次连绕线圈的个数、组数及并绕根数剪制绝缘套管若干段（段数由极相组中的线圈个数定），依次套入导线，如图 3-28 所示。

4. 线圈的绕制

线头挂在绕线模左侧的绕线机主轴上，线头预留长度为线圈周长的一半。嵌入绕线模槽中，导线在槽中自左向右排列整齐、紧密，不得有交叉现象，绕至规定的匝数为止。绕完一个线圈后，留出连接线再向右移到另一个模芯上绕第二个线圈。

　　绕线时除微电机的小线圈用绕线机摇把操作外，一般绕制ϕ0.6mm 以上导线的线圈均不用摇把操作，而用一只手盘转线模，另一只手除辅助盘车外，还负责把导线排列整齐，不交叉重叠。

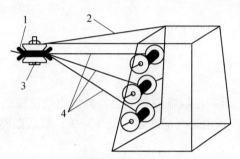

图 3-28　放线

1—毛毡；2—拉线；3—层压板；4—铜线

　　5．线圈的绑扎

　　绕到规定匝数后，用预先备好的扎线（棉线绳，长度均 10～15cm）将线圈扎紧，线圈的头尾分别留出 1/2 匝的长度再剪断，以备连接线用，如图 3-27（b）所示。

　　6．绕制结束

　　将线模从绕线机上卸下，退出线圈再进行下次绕线。

　　注意：绕制不等节距的线圈组时，应将最小节距的线圈列为第 1 只，其他顺次排列绕制线圈。

 问题思考

　　1．如何改变三相交流异步电动机的旋转方向？

　　2．一台铭牌上标有额定电压为 380/220V，联结方式为丫/△的三相异步电动机，若电源电压为 380V，应采用丫联结还是△联结？

　　3．试说明绘制单层链式绕组展开图的步骤。

　　4．如何测量电动机的相间绝缘、对地绝缘？

　　5．有一台丫系列的三相异步电动机，P_N =75kW，U_N =3kV，n_N =975r/min，η_N =93%，$\cos\varphi_N$ =0.83，f =50Hz。试计算：

　　（1）同步转速 n_1。

　　（2）电动机的极对数 p。

　　（3）电动机的额定电流 I_N。

　　（4）额定转差率 S_N。

项目 4 常用低压电器的选择与使用

任务描述

为正确装接、维修继电器和接触器控制的三相异步电动机拖动系统，要求学生具体认识、合理选择、正确使用常用低压电器（熔断器、低压开关、低压断路器、接触器、继电器、主令电器等）。

知识准备

4.1.1 低压电器基本知识

在电力拖动控制系统中，低压电器主要用于对电动机进行控制、调节和保护。在低压配电电路或动力装置中，低压电器主要用于对电路或设备进行保护以及通断、转换电源或负载。

1. 常用低压电器的分类

（1）按用途分类，可分为控制电器、配电电器、执行电器等。
（2）按应用场合分类，可分为低压电器、矿用电器、化工电器等。
（3）按操作方式分类，可分为手动电器、自动电器。
（4）按使用系统分类，可分为电力拖动系统电器、通信系统电器。
（5）按功能分类，可分为有触头电器、无触头电器和混合电器。
（6）按拖动系统用电器分类，可分为接触器、继电器等。

2. 电磁机构

1）电磁机构的结构形式

如图 4-1 所示，电磁机构由电磁线圈、铁心和衔铁三部分组成。电磁线圈分为直流线圈和交流线圈两种。直流线圈须通入直流电，交流线圈须通入交流电。电磁机构是电磁式电器的感测元件，它将电磁能转换为机械能，从而带动触头动作。

2）电磁机构的工作原理

当吸引线圈通以一定的电压或电流时，通过铁心和空气隙产生磁场，这一磁场将对衔铁产生电磁吸力，并通过空气隙将电磁能转换为机械能，从而使衔铁吸合。衔铁吸合时带动其他机械机构动作，实现相应的功能，如打开阀门、实现抱闸等，或带动触头动作以完成触头的分断和接通。在衔铁上除作用一个使其吸合的电磁吸力外，还作用一个使衔铁释放的力，这个力称为反力。当吸引线圈无电压或电流时，电磁吸力消失，衔铁在反力的作用下释放，此时衔铁带动其他机械机构动作，实现与上述相反的功能。

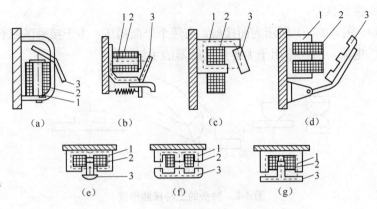

图 4-1　电磁机构的结构形式

3）交流电磁机构中短路环的作用

当线圈中通入交流电时，铁心中出现交变的磁通，时而最大，时而为零，这样在衔铁与固定铁心间因吸引力变化而产生振动和噪声。当加上短路环后，交变磁通的一部分将通过短路环，在环内产生感应电动势和电流，根据电磁感应定律，此感应电流产生的感应磁通使通过短路环的磁通 Φ_2 比 Φ_1 在相位上滞后，由 Φ_2 和 Φ_1 产生的吸力 F_2 和 F_1 也有相位差，作用在磁铁上的力为 F_1+F_2，只要合力大于反力，即可消除振动。

3．触头系统

触头又称为触点，用来断开和接通电路。触头系统的好坏直接影响整个电器的工作性能。影响触头工作情况的主要因素是触头的接触电阻，接触电阻越大，越易使触头发热，加剧触头表面的氧化程度或产生"熔焊"现象。触头的接触电阻不仅与触头材料有关，而且与触头的接触形式、接触压力及触头的表面状况有关。

1）触头材料

常用的触头材料有铜和银两种。采用铜质材料制成的触头，其接触性能良好、造价低廉，但在使用过程中，铜的表面容易氧化形成电阻率较大的氧化铜，使触头接触电阻增大，容易引起触头过热，降低电器的使用寿命；采用银质材料制成的触头，在使用过程中，虽然银的表面也氧化，但氧化银的电阻率与纯银相差无几，且易粉化，故其接触性能较铜质触头好，只是造价较高。

2）触头的接触形式

触头的接触形式有点接触、线接触和面接触三种，如图 4-2 所示。

（1）点接触。图 4-2（a）所示为点接触，由两个半球或一个半球与一个平面构成。由于接触区域是一个点或面积很小的面，允许通过的电流很小，所以它常用于电流较小的电器中，如继电器的触头和接触器的辅助触头。

（2）线接触。图 4-2（b）所示为线接触，由两个圆柱面构成，又称为指形触头。它的接触区域是一条直线或一条窄面，允许通过的电流较大，常用于中等容量接触器的主触头。由于这种接触形式在电路的通断过程中是滑动接触的，能自动清除触头表面的氧化膜，所以可更好地保证触头接触良好。

（3）面接触。图 4-2（c）所示为面接触，由两个平面构成。由于接触区域有一定的面积，可以通过很大的电流，所以常用于大容量接触器的主触头。

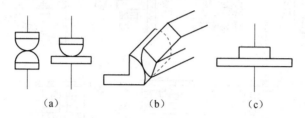

（a）   （b）   （c）

图 4-2　触头的三种接触形式

（a）点接触；（b）线接触；（c）面接触

3）触头的分类

（1）按所控制的电路分为主触头和辅助触头。主触头用于通断主电路，通常为三对常开触头；辅助触头用于通断控制电路，一般为常开、常闭各两对。

（2）按其原始状态分为常开触头（又称动合触头）和常闭触头（又称动断触头）。原始状态下（即线圈未通电时）处于断开状态，线圈通电后闭合的触头称为常开触头；原始状态下（即线圈未通电时）处于闭合状态，线圈通电后断开的触头称为常闭触头。

4）影响触头接触电阻的因素及减小接触电阻的方法

（1）触头的接触压力。安装触头弹簧可增加接触压力，减小接触电阻。

（2）触头的材料。采用银或镀银触头可减小接触电阻，但造价较高，应根据实际情况选用。

（3）触头的接触形式。在较大容量电器中，可采用具有滑动作用的指形触头，这样在每次动作过程中都可以磨去氧化膜，从而保证接触面的清洁，减小接触电阻。

（4）触头的表面状况。触头表面的尘垢也会影响其导电性，因此，当触头表面聚集了尘垢以后，可用无水乙醇或四氯化碳揩拭干净；如果触头表面被电弧烧灼，可用组锉或砂纸将表面处理干净；触头磨损严重时应及时更换。

4. 灭弧装置

灭弧装置起着熄灭电弧的作用，额定电流在 10A 以上的接触器一般都有灭弧装置。对于小容量的接触器常采用双断口桥式触点与陶土灭弧罩灭弧，对于大容量的接触器常采用纵缝灭弧罩灭弧及栅片灭弧。

4.1.2　主令电器

主令电器是在自动控制系统中发出指令的电器，用来控制接触器、继电器或其他电器的线圈，使电路接通或分断，从而达到控制生产机械的目的；也可用于信号电路和电气联锁电

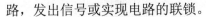

路，发出信号或实现电路的联锁。

主令电器应用广泛，种类繁多，按其作用可分为控制按钮、行程开关、接近开关、万能转换开关等，这里只介绍几种常用的主令电器。

1. 按钮

按钮是一种手动且一般可以自动复位的主令电器，主要用于控制系统中，用来发布控制命令。

1）按钮的结构

按钮的结构示意图如图 4-3 所示，一般由按钮帽、复位弹簧、动触头、静触头和外壳等组成，通常制成具有常开触头和常闭触头的复式结构。

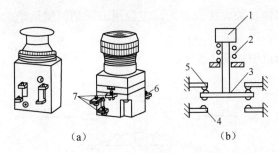

图 4-3　按钮

（a）外形；（b）结构示意图

1—按钮帽；2—复位弹簧；3—动触头；4、5—静触头；6、7—接线端子

2）按钮的工作原理

按下按钮时，常闭触头先断开，常开触头后闭合；放开按钮后，在复位弹簧的作用下按钮自动复位，即闭合的常开触点先断开，断开的常闭触点后闭合，这种按钮称为自复式按钮。另外还有带自保持机构的按钮，第一次按下后，由机械机构锁定，手放开后按钮不复位，第二次按下后，锁定机构脱扣，手放开后才自动复位。

3）按钮的图形符号及文字符号

按钮的图形符号及文字符号如图 4-4 所示。

4）按钮的型号含义

目前使用比较多的有 LA4、LA10、LA18、LA19、LA20 等系列产品，其型号含义如下：

图 4-4　按钮的图形符号及文字符号

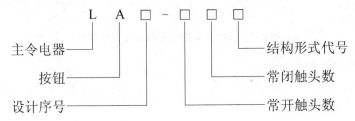

5）按钮的选择与使用

按使用场合、作用的不同，通常将按钮做成多种颜色以示区别。国家标准 GB 5226—2002 对按钮颜色做出如下规定：

（1）"停止"和"急停"按钮——红色。

（2）"起动"按钮——绿色。

（3）"起动"与"停止"交替动作按钮——黑白、白色或灰色。

（4）"点动"按钮——黑色。

（5）"复位"按钮——蓝色。

2. 行程开关

行程开关又称为限位开关、终点开关，主要用来限制机械运动的位置或行程。

1）行程开关的结构

行程开关的结构示意图如图 4-5 所示。

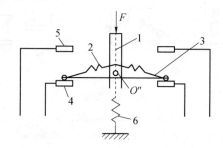

图 4-5 行程开关的结构示意图

1—推杆；2、6—弹簧；3—动触头；4、5—静触头

2）行程开关的工作原理

当运动机械的挡铁压下行程开关的推杆时，微动开关快速动作，其常闭触头分断，常开触头闭合；当运动机械的挡铁移开后，触头复位。

3）行程开关的图形符号及文字符号

行程开关的图形符号及文字符号如图 4-6 所示。

图 4-6 行程开关的图形符号及文字符号

4）行程开关的型号

常用的行程开关有 LX19、LX22、LX32、LX33、JLXL1 以及 LXW-11、JLXK1-11、JLXW5 系列等，其型号含义如下：

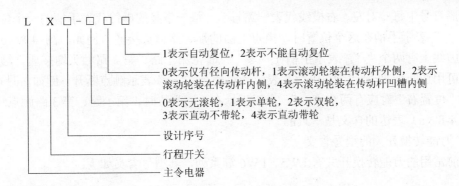

1表示自动复位，2表示不能自动复位

0表示仅有径向传动杆，1表示滚动轮装在传动杆外侧，2表示
滚动轮装在传动杆内侧，4表示滚动轮装在传动杆凹槽内侧

0表示无滚轮，1表示单轮，2表示双轮，
3表示直动不带轮，4表示直动带轮

设计序号

行程开关

主令电器

3. 万能转换开关

万能转换开关是一种多挡位、多触点、能够控制多个回路的主令电器，主要用于各种配电装置的远距离控制，也可作为电气测量仪表的转换开关或用作小容量电动机（2.2kW 以下）的起动、制动、调速和换向控制。由于它能转换多种和多数量的电路，用途广泛，故被称为万能转换开关。

1）万能转换开关的结构

万能转换开关一般由操作机构、面板、手柄及数个触头座等部件组成，用螺栓组装成为整体。万能转换开关单层结构如图 4-7 所示。

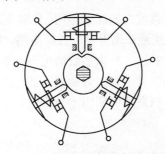

图 4-7　万能转换开关单层结构

2）万能转换开关的工作原理

由于每层凸轮可做成不同的形状，因此当手柄转到不同位置时，通过凸轮的作用，可以使各对触头按需要的规律接通和分断。

3）万能转换开关的图形符号及文字符号

万能转换开关的图形符号及文字符号如图 4-8 所示。

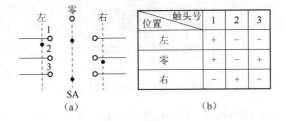

位置 \ 触头号	1	2	3
左	+	−	−
零	+	−	+
右	−	+	−

(a)　　　　　　　(b)

图 4-8　万能转换开关的图形符号及文字符号

图形符号中每一对左、右横线代表一路触头，每一条竖的虚线代表手柄的一个位置，每个黑点"·"表示手柄在这个位置时，黑点上面的那一路触头接通。例如，图 4-8（a）所示的中间虚线上有两个"·"，表示手柄在"零"位时，第 1 路、第 3 路触头均接通。触头通断状态也可用通断表来表示，其中"+"表示触点闭合。"－"表示触点断开。例如，图 4-8（b）所示的"位置右"对应有两个"－"，表示手柄在"右"位时，第 1 路、第 3 路触点均断开，这与图 4-8（a）表达的含义是一致的。

4）万能转换开关的型号含义

目前常用的万能转换开关有 LW5、LW6 等系列，其型号含义如下：

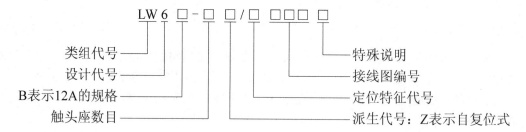

4.1.3　接触器

接触器是利用电磁吸力和弹簧反力的配合作用，使触头闭合与断开的一种电磁式自动切换电器，主要用于远距离频繁地接通或断开交、直流电路。根据接触器主触头通过电流的种类，可分为交流接触器和直流接触器。在大多数情况下，其控制对象是电动机。

接触器具有控制容量大、操作频率高、寿命长、能远距离控制等优点，同时还具有欠、失电压保护功能，所以在电气控制系统中应用十分广泛。

1. 接触器的结构

CJ20 系列交流接触器的结构如图 4-9 所示。

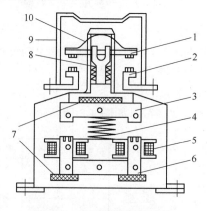

图 4-9　交流接触器的结构

1—动触头；2—静触头；3—衔铁；4—缓冲弹簧；5—线圈；6—铁心；7—垫片；
8—触头弹簧；9—灭弧罩；10—触头压力弹簧

2. 接触器的工作原理

交流接触器的工作原理如图 4-10 所示。当励磁线圈 6、7 端接通电源后，线圈电流产生磁场，使铁心 8 磁化，产生电磁吸力克服反力弹簧 10 的反作用力将衔铁 9 吸合，衔铁带动触头动作，使常闭触头先断开、常开触头后闭合；当励磁线圈断电或外加电压太低时，在反力弹簧作用下衔铁被释放，使闭合的常开触头先断开、断开的常闭触头后闭合。

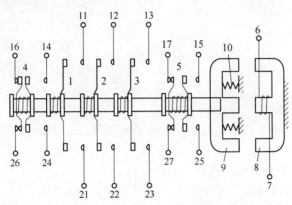

图 4-10　交流接触器的工作原理示意图

1、2、3—动主触头；4、5—动辅助触头；6、7—线圈接线端子；8—铁心；9—衔铁；10—反力弹簧；
11、12、13、21、22、23—静主触头；14、15、16、17、24、25、26、27—静辅助触头

3. 接触器的图形符号及文字符号

接触器的图形符号及文字符号如图 4-11 所示。

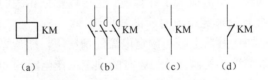

图 4-11　接触器的图形符号及文字符号

（a）线圈；（b）主触点；（c）常开辅助触点；（d）常闭辅助触点

4. 接触器的型号含义

接触器的型号含义如下：

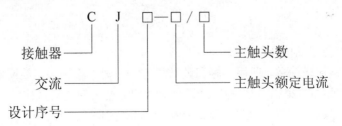

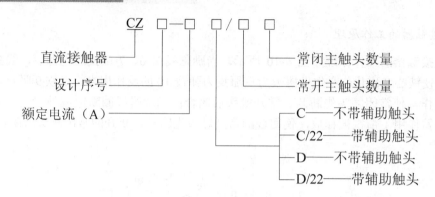

5. 接触器的选择

1）接触器类型的选择

接触器的类型应根据电路中负载电流的种类来选择，即交流负载应选用交流接触器，直流负载应选用直流接触器。

2）接触器主触头额定电流的选择

对于电动机负载，流过接触器主触头的额定电流 I_N（A）为

$$I_N = \frac{P_N \times 10^3}{\sqrt{3}U_N \cos\varphi\eta} \tag{4-1}$$

式中 P_N——电动机的额定功率（kW）；

U_N——电动机的额定线电压（V）；

$\cos\varphi$——电动机的功率因数，其值为 0.85～0.9；

η——电动机的效率，其值一般为 0.8～0.9。

在选用接触器时，其额定电流应大于计算值。也可以根据相关的电气设备手册中给出的被控制电动机的容量和接触器额定电流对应的数据选择。

根据式（4-1），在已知接触器主触头额定电流的情况下，能计算出可控制电动机的最大功率。例如，CJ20-40 型交流接触器在 380V 时的额定工作电流为 40A，故它能控制的电动机的最大功率为

$$P_N = \sqrt{3}U_N I_N \cos\varphi\eta \times 10^{-3} = \sqrt{3} \times 380 \times 40 \times 0.9 \times 0.9 \times 10^{-3} \approx 21.3 （kW）$$

其中，$\cos\varphi$、η 均取 0.9。

在实际应用中，接触器主触头的额定电流也常常按下面的经验公式计算：

$$I_N = \frac{P_N \times 10^3}{KU_N} \tag{4-2}$$

式中 K——经验系数，取 1～1.4。

3）接触器吸合线圈电压的选择

如果控制线路比较简单，所用接触器的数量较少，则交流接触器线圈的额定电压一般直接选用 AC380V 或 AC220V；如果控制线路比较复杂，使用的电器又比较多，为了安全起见，线圈的额定电压可选低一些，例如，交流接触器线圈电压可选 AC36V、AC127V 等,这时需要附加一个控制变压器。直流接触器吸合线圈电压的选择应视控制回路的具体情况而定，要

选择吸合线圈的额定电压与直流控制电路的电压一致。

　　直流接触器的线圈加的是直流电压，交流接触器的线圈一般加的是交流电压，有时为了提高接触器的最大操作频率，交流接触器也有采用直流线圈的。

　　6. 接触器的使用

　　（1）核对接触器的铭牌数据是否符合要求。

　　（2）擦净铁心极面上的防锈油，在主触头不带电的情况下，使励磁线圈通、断电数次，检查接触器动作是否可靠。

　　（3）一般应安装在垂直面上，其倾斜角不得超过 5°，否则会影响接触器的动作特性。

　　（4）定期检查各部件，要求可动部分无卡阻、紧固件无松脱、触头表面无积垢、灭弧罩无破损等。

4.1.4　继电器

　　继电器是一种根据电或非电信号的变化来接通或断开小电流电路，以实现自动控制、安全保护等功能的自动控制电器。其输入量可以是电量（如电流、电压等），也可以是非电量（如温度、时间、速度等），而输出则是触头的动作或电参数的变化。

　　常用继电器的主要类型有电流继电器、电压继电器、中间继电器、时间继电器、热继电器和速度继电器等。

　　1. 电流继电器

　　电流继电器的线圈串联在被测量的电路中，以反映电路中电流的变化，对电路实现过电流、欠电流保护。其中，过电流继电器主要用于频繁起动的场合，作为电动机的过载和短路保护；欠电流继电器常用于直流电动机和电磁吸盘的失磁保护。

　　1）电流继电器的结构

　　为了不影响电路的正常工作，电流继电器线圈匝数少、导线粗、线圈阻抗小。

　　2）电流继电器的工作原理

　　（1）过电流继电器。当流过线圈的电流低于整定值时，衔铁不吸合；当电流超过整定值时，衔铁吸合、触头动作。

　　（2）欠电流继电器。在电路电流正常时，衔铁吸合、触头动作；当流过线圈的电流低于整定值时，衔铁释放、触头复位。

　　3）电流继电器的图形符号及文字符号

　　电流继电器的图形符号及文字符号如图 4-12 所示。

（a）　　　　　　　　　　　　　　　　　　（b）

图 4-12　电流继电器的图形符号及文字符号

（a）过电流继电器；（b）欠电流继电器

4）电流继电器的型号含义

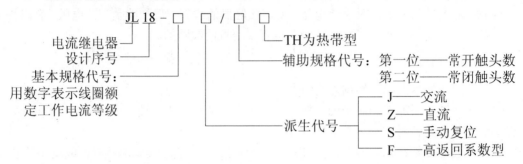

5）电流继电器的选择与使用

（1）过电流继电器。交流过电流继电器整定值的整定范围为额定电流的 1.1～3.5 倍，直流过电流继电器整定值的整定范围为额定电流的 0.7～3 倍。

（2）欠电流继电器。欠电流继电器吸引电流整定值的整定范围为额定电流的 0.3～0.65 倍，释放电流整定值的整定范围为额定电流的 0.1～0.2 倍。

2. 电压继电器

电压继电器的线圈并联在被测量的电路中，以反映电路中电压的变化，对电路实现过电压、欠电压和零电压保护。

1）电压继电器的结构

为了不影响电路的正常工作，电流继电器线圈匝数多，导线细，线圈阻抗大。

2）电压继电器的工作原理

（1）过电压继电器。当线圈的电压低于整定值时，衔铁不吸合；当电压超过整定值时衔铁吸合、触头动作。

（2）欠电压继电器。在电路电压正常时，衔铁吸合、触头动作；在电压低于整定值时，衔铁释放、触头复位。

（3）零电压继电器。在电路电压正常时，衔铁吸合、触点动作；在电压低于整定值时，衔铁释放、触点复位。

3）电压继电器的图形符号及文字

电压继电器的图形符号及文字符号如图 4-13 所示。

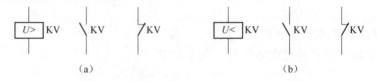

图 4-13　电压继电器的图形符号及文字符号

（a）过电压继电器；（b）欠电压继电器

4）电压继电器的型号含义

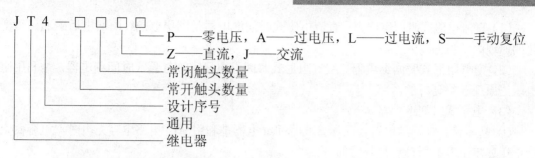

5）电压继电器的选择与使用

（1）过电压继电器。过电压继电器整定值的整定范围为额定电压的 1.1 倍以上。

（2）欠电压继电器。欠电压继电器整定值的整定范围为额定电压的 0.4～0.7 倍。

（3）零电压继电器。零电压继电器整定值的整定范围为额定电压的 0.05～0.25 倍。

3. 中间继电器

中间继电器的主要用途是当其他电器的触头数量或触头容量不够时，可借助它来扩大触头的数量或触头容量，起中间转换的作用。

1）中间继电器的结构

中间继电器的基本结构与接触器相同，只是其触头系统中无主触头、辅助触头之分，触头数量多，触头容量相同。

2）中间继电器的工作原理

中间继电器的工作原理与接触器相同。

3）中间继电器的图形符号及文字符号

中间继电器的图形符号及文字符号如图 4-14 所示。

4）中间继电器的型号含义

中间继电器的型号含义如下：

图 4-14　中间继电器的图形符号及文字符号

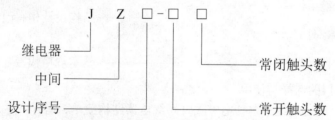

5）中间继电器的选择与使用

与接触器的选择与使用相同。

4. 时间继电器

时间继电器是一种能延时接通或断开电路的电器。按其动作原理与结构不同，可分为电磁式、空气阻尼式和电子式等；按延时方式可分为通电延时型与断电延时型。

1）时间继电器的结构

为满足工作要求，时间继电器上通常带有瞬时动作触头和延时动作触头。

2）时间继电器的工作原理

（1）直流电磁式时间继电器。直流电磁式时间继电器是利用电磁线圈断电后磁通延缓变化的原理而工作的。

（2）空气阻尼式时间继电器。空气阻尼式时间继电器也称气囊式时间继电器，是利用空气阻尼原理获得延时的。

（3）电子式时间继电器。

① 晶体管式时间继电器。晶体管式时间继电器是利用 *RC* 电路电容充电时，电容器上的电压逐步上升的原理获得延时的。

② 数字式时间继电器。数字式时间继电器是利用数字技术获得延时的。

3）时间继电器的图形符号及文字符号

时间继电器的图形符号及文字符号如图 4-15 所示。

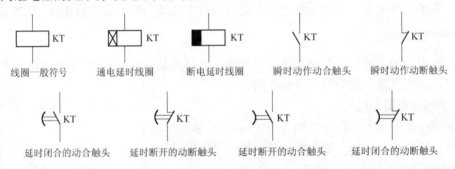

图 4-15　时间继电器的图形符号及文字符号

4）时间继电器的型号含义

时间继电器的型号含义如下：

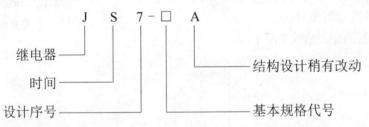

5）时间继电器的选择与使用

（1）直流电磁式时间继电器。电磁式时间继电器结构简单、运行可靠、寿命长，但延时时间短（最长不超过 5s）、延时精度不高、体积大，仅适用于直流电路中作为断电延时型时间继电器，从而限制了它的应用。

常用的直流电磁式时间继电器有 JT3 和 JT18 系列。

（2）空气阻尼式时间继电器。空气阻尼式时间继电器的结构简单、寿命长、价格低，并具有瞬动触点，但延时的准确度低、延时误差大，一般适用于延时精度要求不高的场合。

（3）电子式时间继电器。电子式时间继电器具有延时范围宽、精度高、体积小、工作可靠等优点，应用日益广泛，但其缺点是延时会受环境温度变化及电源波动的影响。

① 晶体管式时间继电器。常用的晶体管式时间继电器有 JS14A、JS15、JS20、JSJ、JSB、

JS14P 等系列。其中 JS20 系列晶体管时间继电器是全国统一设计产品,延时范围有 0.1~180s、0.1~300s、0.1~3600s 三种,电寿命达 10 万次,适用于交流 50Hz、电压 380V 及以下或直流 110V 及以下的控制电路中。

② 数字式时间继电器。数字式时间继电器与晶体管式时间继电器相比,延时范围可成倍增加,调节精度可提高两个数量级以上,控制功率和体积更小,适用于各种需要精确延时的场合及各种自动化控制电路中。这类时间继电器功能多,有通电延时、断电延时、定时吸合、循环延时四种延时形式和十几种延时范围供用户选择,这是晶体管式时间继电器不可比拟的。目前市场上的数字式时间继电器的型号很多,有 DH48S、DH14S、DH11S、JSS1、JS14S 系列等。另外,还有从日本富士公司引进生产的 ST 系列等。

5. 热继电器

电动机在运行过程中常会遇到过载情况,只要过载不严重,绕组的温度不超过允许温度,这种过载是允许的。但如果过载情况严重、时间长,则会引起绕组过热,缩短电动机的使用寿命,甚至烧毁电动机。

热继电器是利用电流的热效应原理来切断控制电路的保护电器,主要适用于电动机的过载保护、断相保护、电流不平衡保护及其他电气设备发热状态的控制。

1）热继电器的结构

热继电器主要由热元件、双金属片、触头、复位按钮等组成。热元件由发热电阻丝做成,串接在电动机定子绕组中,电动机的定子绕组电流即为流过热元件的电流。双金属片由两种不同线膨胀系数的金属碾压制成,当双金属片受热膨胀时,由于两种金属的线膨胀系数不同,其整体会产生弯曲变形。其结构示意图如图 4-16 所示。

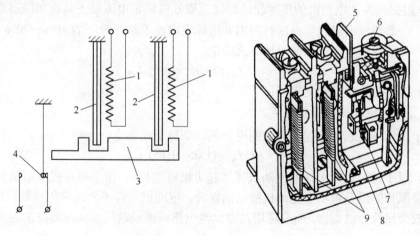

图 4-16　热继电器的结构

1—热元件；2—双金属片；3—导板；4—触头；5—复位按钮；
6—调整旋钮；7—常闭触头；8—动作机构；9—热元件

2）热继电器的工作原理

电动机正常运行时,热元件产生的热量虽能使双金属片弯曲,但不足以使其触头动作；

当电动机过载时，热元件产生的热量增大，使双金属片弯曲位移量增大，经过一段时间后，双金属片弯曲推动导板，并通过补偿双金属片与推杆将触头分开，使热继电器线圈断电，切断电动机的电源，从而实现了对电动机的过载保护。

3）热继电器的图形符号及文字符号

热继电器的图形符号及文字符号如图 4-17 所示。

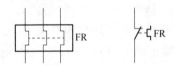

图 4-17　热继电器的图形符号及文字符号

4）热继电器的型号含义

热继电器的型号含义如下：

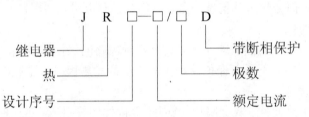

5）热继电器的选择与使用

（1）热继电器结构形式的选择。星形联结的电动机可选用两相或三相结构的热继电器；三角形联结的电动机应选择带断相保护的三相结构热继电器。

（2）根据被保护电动机的实际起动时间选取 6 倍额定电流以下具有相应可返回时间的热继电器。一般热继电器的可返回时间为 6 倍额定电流下动作时间的 50%～70%。

（3）热元件额定电流一般可按下式确定：

$$I_N = (0.95 \sim 1.05) I_{MN} \qquad (4\text{-}3)$$

式中　I_N——热元件的额定电流；

　　I_{MN}——电动机的额定电流。

对于工作环境恶劣、起动频繁的电动机，则按下式确定：

$$I_N = (1.05 \sim 1.15) I_{MN} \qquad (4\text{-}4)$$

（4）对于短时重复工作的电动机（如起重机电动机），由于电动机不断重复升温，热继电器双金属片的温升跟不上电动机绕组的温升，电动机将得不到可靠的过载保护。因此，不宜选用双金属片热继电器，而应选用过电流继电器或能反映绕组实际温度的温度继电器来进行保护。

常用的热继电器有 JRS1、JR20、JR16、JR15 等系列。

6. 速度继电器

速度继电器常用于三相感应电动机按速度原则控制的反接制动电路中，亦称反接制动继电器。一般情况下速度继电器转轴的转速在 120r/min 左右即能动作，在 100r/min 以下触点复位。

1）速度继电器的结构

速度继电器主要由转子、定子和触头三部分组成。转子是一个圆柱形永久磁铁，定子是一个由硅钢片叠成的笼型空心圆环，并装有笼型绕组。其结构示意图如图 4-18 所示。

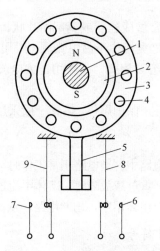

图 4-18　速度继电器的结构

1—转轴；2—转子；3—定子；4—绕组；5—摆锤；6、7—静触点；8、9—动触点

2）速度继电器的工作原理

当电动机转动时，与电动机轴相连的速度继电器的转子随之转动，形成的旋转磁场切割定子绕组，产生感应电动势和电流，此电流在旋转磁场的作用下产生转矩，使定子转动，当转到一定角度时，装在定子上的摆锤推动触点动作；当电动机转速低于某一值时，定子产生的转矩减小，触点复位。

3）速度继电器的图形符号及文字符号

速度继电器的图形符号及文字符号如图 4-19 所示。

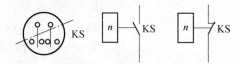

图 4-19　速度继电器的图形符号及文字符号

4）速度继电器的选择与使用

常用的速度继电器有 JY1 型和 JFZ0 型。JY1 型能在 3000r/min 以下可靠工作；JFZ0-1 型适用于 300～1000r/min，JFZ0-2 型适用于 1000～3600r/min。JFZ0 型有两对常开、常闭触点。

继电器的种类很多，除前面介绍的几种常见继电器外，还有干簧继电器、固态继电器、相序继电器、温度继电器、压力继电器、综合继电器等，因篇幅有限，在此不做一一介绍。

4.1.5　熔断器

熔断器的主要作用是对电气线路和电气设备进行短路保护和严重过载保护。

1. 熔断器的结构

熔断器主要由熔体和熔管两部分组成。

1）熔体

熔体是熔断器的核心部件，常做成丝状或变截面片状，其材料有两大类：一类为低熔点材料，如铅、铅锡合金、锌等，这类熔体不易熄弧，一般用在小电流电路中；另一类为高熔点材料，如银、铜等，这类熔体容易熄弧，一般用在大电流电路中。

2）熔管

熔管的主要作用是支持、固定、保护熔体，熔管一般采用高强度陶瓷或玻璃纤维等制成。

2. 熔断器的工作原理

熔断器的熔体串联在被保护电路中。当电路正常工作时，熔体允许通过一定大小的负荷电流而不熔断；当电路发生短路或严重过载故障时，熔体中流过很大的故障电流，当该电流产生的热量使熔体温度上升到熔点时，熔体熔断，切断电路，从而达到保护电路或设备的目的。

3. 熔断器的图形符号及文字符号

熔断器的图形符号及文字符号如图 4-20 所示。

图 4-20　熔断器的图形
符号及文字符号

4. 熔断器的型号含义

熔断器的型号含义如下：

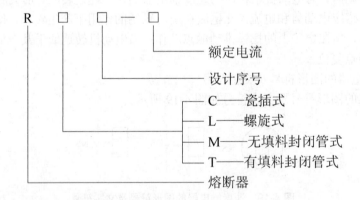

5. 熔断器的选择

熔断器的选择主要包括熔断器的类型、额定电流等方面。

（1）熔断器的类型：根据线路的要求、安装条件和各类熔断器的适用场合来选择。

（2）熔体的额定电流：

① 对于照明线路等没有冲击电流的负载，以及降压起动的电动机负载，熔体的额定电流应按下式计算：

$$I_{FU} \geqslant I \qquad\qquad (4-5)$$

式中 I_{FU} ——熔体的额定电流；

I ——电路的工作电流。

② 对于起动时间较短的电动机类负载，考虑到起动电流的影响，应按下式计算：

$$I_{FU} \geqslant (1.5 \sim 2.5) I_N \qquad (4\text{-}6)$$

式中　I_N——电动机的额定电流。

③ 由一个熔断器保护多台电动机时，熔体额定电流应按下式计算：

$$I_{FU} \geqslant (1.5 \sim 2.5) I_{Nmax} + \Sigma I_N \qquad (4\text{-}7)$$

式中 I_{Nmax}——被保护电动机中最大的额定电流；

ΣI_N——除 I_{Nmax} 外，其余被保护的电动机额定电流之和。

（3）熔断器的额定电流：必须等于（或大于）所装熔体的额定电流。

（4）熔断器的额定电压：应等于（或大于）熔断器安装处的电路额定电压。

（5）熔断器的分断能力：指熔断器能分断的最大短路电流值。熔断器的分断能力必须大于电路中可能出现的最大短路电流。

（6）熔断器上、下级的配合：为满足保护选择性的要求，应使上一级熔断器熔体的额定电流比下一级大 1~2 个级差。

6. 熔断器的使用

（1）安装前检查熔断器的型号、各种参数等是否符合规定要求。

（2）安装时，熔断器与底座、触刀的接触要良好，以免因接触不良造成熔断器误动作。

（3）更换的熔断器应与原熔断器型号、规格一致。

（4）工业用熔断器的更换应由专职人员负责，更换时应先切断电源。

4.1.6　刀开关与低压断路器

1. 刀开关

1）刀开关的结构

刀开关由操作手柄、动触刀、静插座、底座等组成。

2）刀开关的工作原理

手动合闸或分闸使动触刀与静插座接通或断开，即可接通或分断电路。

3）刀开关的图形符号及文字符号

刀开关的图形符号及文字符号如图 4-21 所示。

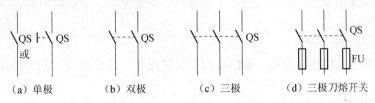

图 4-21　刀开关的图形符号及文字符号

（a）单极；（b）双极；（c）三极；（d）三极刀熔开关

4）刀开关的型号含义

刀开关的型号含义如下：

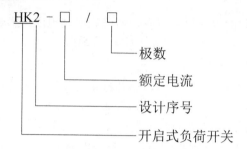

5）刀开关的选用原则

（1）根据使用场合，选择刀开关的类型、极数及操作方式。

（2）刀开关的额定电压应大于或等于安装处的线路电压。

（3）刀开关的额定电流应大于或等于电路工作电流。对于电动机负载，开启式刀开关的额定电流可按电动机额定电流的 3 倍选取；封闭式刀开关的额定电流可按电动机额定电流的 1.5 倍选取。

6）刀开关的使用

（1）开启式负荷开关在安装使用时应注意以下几点：

① 开启式负荷开关应垂直安装在控制屏或开关板上，处于分闸状态时手柄应向下，严禁倒装，以防分闸状态时手柄因自重落下，误合闸而引发事故。

② 接线时，应将电源线接在上端，负载线接在下端，这样在分断后刀开关的动刀片与电源隔离，便于更换熔丝。

③ 分、合闸动作应迅速，以使电弧尽快熄灭。

④ 分、合闸时不可直接面对开关，以免发生危险。

（2）铁壳开关在安装使用时应注意以下几点：

① 既不允许随意放在地上操作，也不允许直面开关操作，以免发生危险。

② 应按规定把开关垂直安装在一定高度处，铁壳可靠接地。

③ 严禁在开关上方放置金属物体，以免发生短路事故。

2. 低压断路器

低压断路器不仅能不频繁地接通和分断电路，还能对电路或电气设备发生的过载、短路、欠电压或失电压等进行保护。

低压断路器操作安全、使用方便、工作可靠、安装简单、分断能力高，广泛应用于低压配电线路中。

1）低压断路器的结构

低压断路器主要由触头系统、操作机构和保护元件三部分组成，其结构示意图如图 4-22 所示。

2）低压断路器的工作原理

（1）接通电路时，按下接通按钮 14，若线路电压正常，欠电压脱扣器 11 产生足够的吸力，克服拉力弹簧 9 的作用将衔铁 10 吸合，衔铁与杠杆 7 脱离。这样，外力使锁扣 3 克服压力弹簧 16 的斥力，锁住搭钩 4，接通电路。

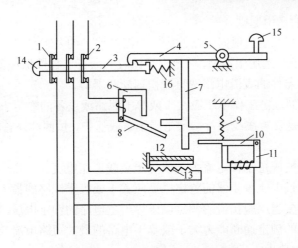

图4-22 低压断路器的结构示意图

1—动触头；2—静触头；3—锁扣；4—搭钩；5—转轴座；6—过电流脱扣器；7—杠杆；8、10—衔铁；
9—拉力弹簧；11—欠电压脱扣器；12—双金属片；13—热元件；14、15—按钮；16—压力弹簧

（2）分断电路时，按下分断按钮15，搭钩4与锁扣3脱扣，锁扣3在压力弹簧16的作用下被推回，使动触头1与静触头2分断，断开电路。

（3）当线路发生短路或严重过载故障时，超过过电流脱扣器整定值的故障电流将使过电流脱扣器6产生足够大的吸力，将衔铁8吸合并撞击杠杆7，使搭钩4绕转轴座5向上转动与锁扣3脱开，锁扣在压力弹簧16的作用下，将三副主触头分断，切断电源。

（4）当线路发生一般性过载时，过载电流虽不能使电磁脱扣器动作，但能使热元件13产生一定的热量，促使双金属片12受热向上弯曲，推动杠杆7使搭钩4与锁扣3脱开，将主触头分断。

（5）当线路电压降到某一数值或电压全部消失时，欠电压脱扣器11吸力减小或消失，衔铁10被拉力弹簧9拉回并撞击杠杆7，将三副主触头分断，切断电源。

3）低压断路器的图形符号及文字符号

低压断路器的图形符号及文字符号如图4-23所示。

4）低压断路器的型号含义

低电断路器的型号含义如下：

图4-23 低压断路器的图形符号及文字符号

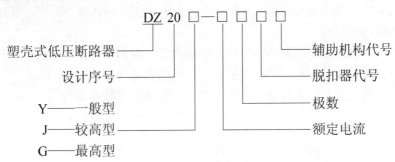

5）低压断路器的选用原则

（1）低压断路器的类型应根据电路的额定电流及保护的要求来选用。一般场合选用塑壳式，短路电流很大的场合选用限流型，额定电流比较大或有选择性保护要求的场合选框架式，控制和保护含半导体器件的直流电路选直流快速断路器等。

（2）低压断路器的额定工作电压应大于或等于线路或设备的额定工作电压。对于配电线路来说，应注意区别是安装在线路首端还是用于负载保护，按照线路首端电压比线路额定电压高出 5%左右来选择。

（3）低压断路器的额定工作电流大于或等于负载工作电流。

（4）低压断路器过电流脱扣器的整定电流应大于或等于线路的最大负载电流。

（5）低压断路器欠电压脱扣器的额定电压等于主电路的额定电压。

（6）低压断路器的额定通断能力大于或等于电路的最大短路电流。

6）低压断路器的使用

使用低压断路器时一般应注意以下几点：

（1）安装前先检查其脱扣器的整定电流、相关参数等是否满足要求。

（2）应按规定垂直安装，连接导线要按规定截面选用。

（3）操作机构在使用一定次数后，应添加润滑剂。

（4）定期检查触头系统，保证触头接触良好。

 任务实施

1. 准备

（1）工具：尖嘴钳、螺钉旋具、活扳手等。

（2）仪表：T10-A 电流表、T10-V 电压表、MF30 型万用表、5050 型绝缘电阻表。

（3）器材：HK 系列开启式负荷开关、RC1A 系列插入式熔断器或 RL1 系列螺旋式熔断器、LA10 系列按钮、JLXK1 系列行程开关、CJ10-20 交流接触器、JR16 系列热继电器、JS7-A 系列时间继电器、JZ7 系列中间继电器。

2. 实施步骤

（1）电气元件的识别：将所给的电气元件的铭牌用胶布盖住并编号，根据电气元件的实物写出其名称、型号和文字符号、图形符号。

（2）认识电气元件的基本结构：将所给的各个电气元件的外壳一一小心拆开，仔细观察各个电气元件的内部结构。

（3）电气元件的测量：测量一下电气元件的参数，并与课本的参数进行比较。

（4）电气元件的校验：对刚才测量的电气元件的参数进行校验。

（5）电气元件的安装：熟悉简单安装各个气器元件的方法和步骤。

3. 注意事项

（1）拆卸和安装时，应该备有盛放零件的容器，以防止丢失零件。

（2）在拆卸和安装过程中，不允许硬撬，以防止损坏电器。

（3）通电校验时，必须将各个电气元件紧固在校验板上，并有教师监护，以确保用电安全。

 问题思考

1．接触器常见故障有哪些？试分析出现这些故障的可能原因。
2．电磁式中间继电器与接触器的区别是什么？
3．国家标准规定电动机的起动、停止按钮分别用什么颜色？
4．刀开关的使用注意事项有哪些？
5．如何选择熔断器和熔体？
6．如何确定热继电器的整定电流？
7．热继电器能否作为电动机的短路保护器件？
8．低压断路器可以起到哪些保护作用？

项目 5　电动机典型控制线路的安装与检修

任务 5.1　三相异步电动机单向直接起动控制线路的安装与检修

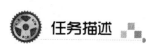 **任务描述**

　　生产车间新上一套生产设备，由一台三相笼型异步电动机拖动。该电动机的铭牌数据如表 5-1 所示。

表 5-1　Y132M-4 型三相笼型异步电动机的铭牌数据

项目	数据	项目	数据	项目	数据
型号	Y132M-4	额定功率	7.5kW	额定频率	50Hz
额定电压	380V	额定电流	15.4A	防护等级	IP44
绝缘等级	B	额定转速	1440r/min	接　法	△
工作制	SI（连续工作制）	出品编号	×××	制造厂	×××

　　根据生产设备的具体工作情况，要求该电动机应能实现单向直接起动、连续运行，具有短路保护、过载保护、欠（失）电压保护功能，并能远距离频繁操作。

　　试完成该电动机控制线路的正确装接。

 知识准备

5.1.1　电气控制系统图的基本知识

1. 图形、文字符号

1）图形符号

图形符号通常用于图样或其他文件，用以表示一个设备或概念的图形、标记或字符。电气控制系统图中的图形符号必须按国家标准绘制。

2）文字符号

文字符号分为基本文字符号和辅助文字符号。文字符号适用于电气技术领域中技术文件的编制，也可标示在电气设备、装置和元件上或其近旁以标明它们的名称、功能、状态和特征。

3）主电路各节点标记

三相交流电源引入线采用 L1、L2、L3 标记。电源开关之后的三相交流电源主电路分别按 U、V、W 顺序标记。分级三相交流电源主电路采用三相文字代号 U、V、W 的前边加上阿拉伯数字 1、2、3 等来标记，如 1U、1V、1W，2U、2V、2W 等。

2. 绘图原则

电气控制系统图包括电气原理图、电气安装图（电器安装图、互连图）和框图等。各种图的图纸尺寸一般选用 297×210、297×420、297×630、297×840（mm）四种幅面，特殊需要可按国家标准 GB/T 14689—2008《技术制图　图纸幅面和格式》选用其他尺寸。

电气控制系统图（简称电气图）最常用的有三种：电气原理图、电气元件布置图和电气安装接线图。下面对这三种电气图进行简单介绍。

1）电气原理图

电气原理图又称为电路图，是根据电路工作原理绘制的，其作用是便于详细了解控制系统的工作原理，指导系统或设备的安装、调试与维修。

下面以图 5-1 为例介绍电气原理图的绘制原则。

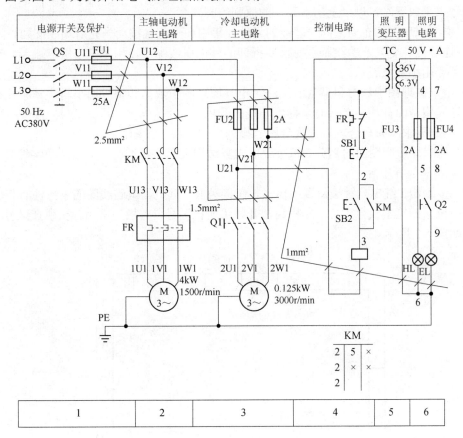

图 5-1　CW6132 型车床控制系统电气原理图

（1）绘制电路图的原则。

① 电气原理图的组成。电气原理图可分为主电路和辅助电路。主电路是从电源到电动机或线路末端的电路，是强电流通过的电路，其内有刀开关、熔断器、接触器主触头、热继电器和电动机等。辅助电路包括控制电路、照明电路、信号电路及保护电路等，是小电流通过的电路。绘制电路图时，主电路用粗线条绘制在原理图的左侧或上方，辅助电路用细线条绘制在原理图的右侧或下方。

② 电气原理图中电气元件的图形符号、文字符号及标号必须采用最新国家标准。

③ 电源线的画法。电气原理图中直流电源用水平线画出，正极在上，负极在下；三相交流电源线水平画在上方，相序从上到下依 L1、L2、L3、中性线（N 线）和保护地线（PE线）画出。主电路要垂直电源线画出，控制电路和信号电路垂直在两条水平电源线之间。

④ 元器件的画法。元器件均不画元件外形，只画出带电部件，且同一电器上的带电部件可不画在一起，而是按电路中的连接关系画出，但必须用国家标准规定的图形符号画出，且要用同一文字符号标明。

⑤ 电气原理图中触头的画法。电气原理图中各元件触头状态均按没有外力或未通电时触头的原始状态画出。当触头的图形符号垂直放置时，以"左开右闭"原则绘制；当触头的图形符号水平放置时，以"上闭下开"的原则绘制。

⑥ 电气原理图的布局。同一功能的元件要集中在一起且按动作先后顺序排列。

⑦ 连接点、交叉点的绘制。对需要拆卸的外部引线端子，用"空心圆"表示；交叉连接的交叉点用小黑点表示。

⑧ 电气原理图中数据和型号的标注。电气原理图中数据和型号用小写字体标注在符号附近，导线用截面标注，必要时可标出导线的颜色。

⑨ 绘制要求。布局合理、层次分明、排列均匀、便于读图。

（2）电气原理图图面的划分。每个分区内竖边用大写字母编号，横边用数字编号。编号的顺序应从左上角开始。

（3）接触器、继电器触头位置的检索。在接触器、继电器电磁线圈的下方注有相应触头所在图中位置的检索代号，其中左栏为常开触头所在区号，右栏为常闭触头所在区号。分区的样式如图 5-2 所示。

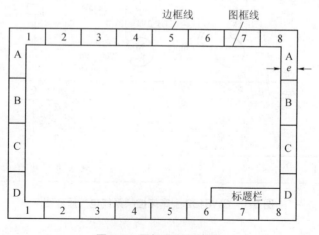

图 5-2　图幅分区示意图

在具体使用时，对垂直布置的电路，一般只需标明列的标记。例如在图 5-1 的下部，只标明了列的标记。图区左侧第"1"列上部对应的"电源开关及保护"字样，表明对应区域元件或电路的功能，使读者能清楚地知道某个元件或某部分电路的功能，以利于理解整个电路的工作原理。分区以后，相当于在图上建立了一个二维坐标系，元件的相关触点位置可以很方便地找到。

触点位置的索引：元件触点位置的索引采用"图号/页次/图区号（行列号）"组合表示，如"图 1234/56/B2"。

当某图号仅有一页图时，可省去页次，只写图号和图区号；在只有一个图号时，可省去图号，只写页次和图区号；当元件的相关触点只出现在一张图样上时，只标出图区号。

在电气原理图中，接触器和继电器触点的位置应用附图表示，即在电气原理图相应线圈的下方，给出线圈的文字符号，并在其下面注明相应触点的图区号，对未使用的触点用"×"标注，也可以不予标注，如图 5-1 所示。

附图中接触器各栏的含义如下：

	KM	
左栏	中栏	右栏
主触点所在图区号	辅助常开触点所在图区号	辅助常闭触点所在图区号

附图中继电器各栏的含义如下：

KA	
左栏	右栏
常开触点所在图区号	常闭触点所在图区号

2）电气元件布置图

电气元件布置图主要用来表明电气控制设备中所有电气元件的实际位置，为电气控制设备的安装及维修提供必要的资料。各电气元件的安装位置是由控制设备的结构和工作要求决定的。例如，电动机要和被拖动的机械部件在一起，行程开关应放在需要取得动作信号的地方，操作元件要放在操作方便的地方，一般电气元件应放在控制柜内。

图 5-3 所示为某车床的电气元件布置图。

绘制电气元件布置图时应注意以下几方面：

（1）体积大和较重的元件应安装在下方，发热元件安装在上方。

（2）强、弱电之间要分开，弱电部分要加屏蔽。

（3）需要经常调整、检修的元件安装高度要适中。

（4）元件的布置要整齐、对称、美观。

（5）元件布置不要过密，以利于布线和维修。

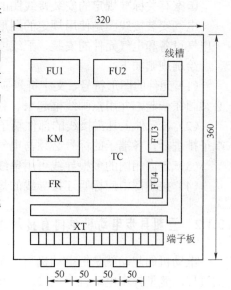

图 5-3　某车床的电气元件布置图

3）电气安装接线图

电气安装接线图是表明电气设备之间实际接线情况的图，主要用于安装接线、线路检查、线路维修和故障处理。图 5-4 为某机床的电气接线图。

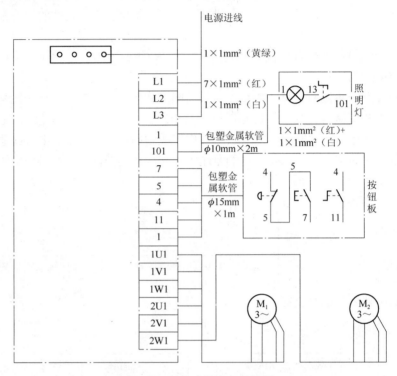

图 5-4　某机床的电气接线图

国家有关标准规定的安装接线图的编制规则主要包括以下内容：

电气安装接线图是使用规定的图形符号按电气元件的实际位置和实际接线来绘制的，用于电气设备和电气元件的安装、配线或检修。

绘制规则如下：

（1）元件的图形符号、文字符号应与电气原理图的标注完全一致。同一元件的各个部件必须画在一起，并用点画线框起来。各元件的位置应与实际位置一致。

（2）各元件上凡需接线的部件端子都应绘出，控制板内、外元件的电气连接一般要通过端子排进行，各端子的标号必须与电气原理图上的标号一致。

（3）走向相同的多根导线可用单线或线束表示。

（4）接线图中应标明连接导线的规格、型号、根数、颜色和穿线管的尺寸等。

5.1.2　三相异步电动机单向直接起动控制

电动机的起动就是把电动机与电源接通，使电动机由静止状态逐渐加速到稳定运行状态的过程。笼型异步电动机有直接起动和降压起动两种起动方式。

直接起动又称全压起动，是指将额定电压直接全部加到电动机定子绕组上的起动方式。虽然这种起动方式的起动电流较大（为额定电流的 5～7 倍），会使电网电压降低而影响附近其他

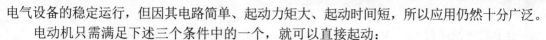

电气设备的稳定运行，但因其电路简单、起动力矩大、起动时间短，所以应用仍然十分广泛。

电动机只需满足下述三个条件中的一个，就可以直接起动：

（1）电动机额定容量≤7.5kW。

（2）电动机额定容量≤专用电源变压器容量的20％。

（3）满足经验公式：

$$I_{st}/I_N \leqslant 3/4 + S/(4P_N) \tag{5-1}$$

式中 I_{st}——电动机起动电流（A）；

　　I_N——电动机额定电流（A）；

　　S——电源容量（kV·A）；

　　P_N——电动机额定功率（kW）。

三相异步电动机单向直接起动既可采用刀开关、低压断路器手动控制，也可采用接触器控制。

1. 刀开关控制

刀开关适用于控制容量较小（如小型台钻、砂轮机、冷却泵的电动机等）、操作不频繁的电动机。刀开关控制的三相异步电动机单向直接起动电路如图5-5（a）所示。

1）工作原理

合上刀开关 QS，电动机直接起动；断开刀开关 QS，电动机断电。

2）实现保护

短路保护：由熔断器 FU 实现。

2. 低压断路器控制

低压断路器适用于控制容量较大、操作不频繁的电动机。低压断路器控制的三相异步电动机单向直接起动电路如图5-5（b）所示。

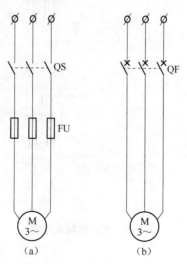

图5-5　刀开关、低压断路器控制的电动机单向直接起动电路

（a）单向直接起动电路；（b）低压断路器控制

1）工作原理

合上低压断路器 QF，电动机直接起动；断开低压断路器 QF，电动机断电。

2）实现保护

短路保护、过载保护、欠电压保护、失电压保护：均由低压断路器 QF 实现。

3．接触器控制

接触器适用于远距离控制容量较大、操作频繁的电动机。根据控制要求的不同，其控制方式有点动控制、长动控制、点动与长动混合控制三种。

1）点动控制

有些生产机械要求短时工作（如车床刀架的快速移动、钻床摇臂的升降、电动葫芦的升降和移动等），为操作方便，通常采用图 5-6 所示的电路进行控制。

（1）工作原理。

① 起动：按下起动按钮 SB→接触器 KM 线圈通电→KM 主触点闭合→电动机 M 通电起动。

② 停止：松开起动按钮 SB→接触器 KM 线圈断电→KM 主触点断开→电动机 M 断电。

这种按下起动按钮电动机起动、松开起动按钮电动机停止的控制，称为点动控制。

（2）实现保护。

① 短路保护：由熔断器 FU 实现。

② 欠、失电压保护：由接触器 KM 实现。

由于点动控制的电动机工作时间较短，热继电器来不及反映其过载电流，因此没有必要设置过载保护。

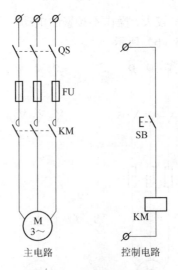

图 5-6　点动控制原理图

2）长动控制

生产实际中，大部分生产机械（如机床的主轴、水泵等）要求能长期连续运转，为满足控制要求，通常采用图 5-7 所示的电路进行控制。

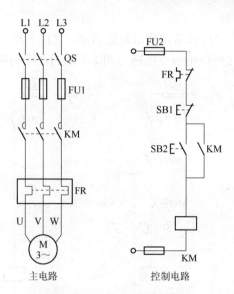

图 5-7 长动控制原理图

（1）工作原理。

① 起动。按下起动按钮 SB2→接触器 KM 线圈通电→KM 所有触点全部动作：

KM 主触点闭合→电动机 M 通电起动。

KM 常开辅助触点闭合→保持 KM 线圈通电→松开 SB2。

显然，松开 SB2 前，KM 线圈由两条线路供电：一条线路经由已经闭合的 SB2，另一条线路经由已经闭合的 KM 常开辅助触点。这样，当松开 SB2 后，KM 线圈仍可通过其已经闭合的常开辅助触点继续通电，其主触点仍然闭合，电动机仍然通电。

② 停止。按下停止按钮 SB1→KM 线圈断电→KM 所有触点全部复位：

KM 主触点断开→电动机 M 断电。

KM 常开辅助触点断开→断开 KM 线圈的通电路径。

显然，松开 SB1 后，虽然 SB1 在复位弹簧的作用下恢复闭合状态，但此时 KM 线圈通电回路已断开，只有再次按下 SB2，电动机才能重新通电起动。

这种按下再松开起动按钮后电动机能长期连续运转、按下停止按钮后电动机才停止的控制，称为长动控制；这种依靠接触器自身辅助触点保持其线圈通电的现象，称为自锁或自保持；这个起自锁作用的辅助触点，称为自锁触点。

（2）实现保护。

① 短路保护：主电路和控制电路的短路保护分别由熔断器 FU1、FU2 实现。

② 过载保护：由热继电器 FR 实现。当电动机出现过载时，主电路中的 FR 双金属片因过热变形，致使控制电路中的 FR 常闭触点断开，切断 KM 线圈回路，电动机停转。

③ 欠、失电压保护：由接触器 KM 实现。当电源电压由于某种原因降低或失去时，接触器电磁吸力急剧下降或消失，衔铁释放，KM 的触点复位，电动机停转。而当电源电压恢复正常时，只有再次按下起动按钮 SB2 电动机才会起动，防止了断电后突然来电使电动机自行起动，造成人身或设备安全事故的发生。

3）点动与长动混合控制

在实际应用中，有些生产机械常常要求既能点动，又能长动，长动控制与点动控制的区别是自锁触点是否接入。这种控制的主电路与图5-7相同，控制电路如图5-8所示。

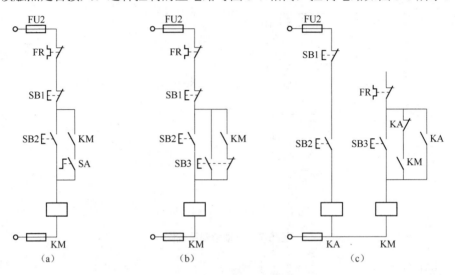

(a)　　　　　　　　(b)　　　　　　　　(c)

图 5-8　点动与长动混合控制电路

（1）带转换开关SA的点动与长动混合控制电路，如图5-8（a）所示。

① 点动：需要点动时将SA断开。

② 长动：需要长动时将SA合上。

（2）由两个起动按钮控制的点动与长动混合控制电路，如图5-8（b）所示。

① 点动：由复合按钮SB3实现点动控制。

② 长动：由SB2实现长动控制。

（3）利用中间继电器KA实现的点动与长动混合控制电路，如图5-8（c）所示。

① 点动：由SB2实现点动控制。

② 长动：由SB3实现长动控制。

上述混合控制电路的工作原理请读者自行分析。

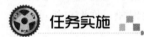 **任务实施**

1. 准备

（1）工具：螺钉旋具（一字、十字）、剥线钳、尖嘴钳、钢丝钳等常用接线工具。

（2）仪表：万用表。

2. 实施步骤

1）确定控制方案

根据本任务的任务描述和控制要求，宜选择接触器长动控制方式。

2）绘制电气原理图

绘制电气原理图、标注节点号码，并说明工作原理和具有的保护，如图 5-9 所示。

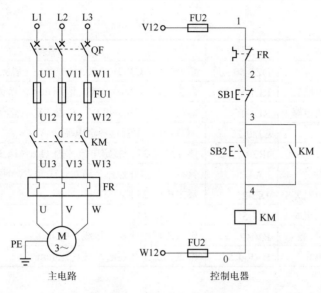

图 5-9　长动控制原理图

3）绘制电气元件布置图和电气安装接线图

三相笼型异步电动机单向直接起动（长动）控制电气元件布置图和电气安装接线图如图 5-10 所示。

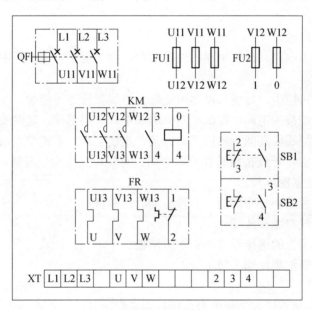

图 5-10　三相笼型异步电动机单向直接起动（长动）控制电气元件布置图和电气安装接线图

4）选择器件和导线

根据低压断路器、熔断器、接触器、热继电器、复合按钮、端子排、导线的选择原则，结合本任务的具体参数（线路额定电压为 AC380V、电动机额定电流为 15.4A），所选本任务所需器件、导线的型号和数量参见表 5-2。

表 5-2　器材参考表

序号	名称	型号	主要技术数据	数量
1	低压断路器	DZ5-50/300	塑壳式，AC380V，50A，3 极，无脱扣器	1
2	熔断器（主电路）	RL1-60/40	螺旋式，AC380/400V，熔管 60A，熔体 40A	3
3	熔断器（控制电路）	RL1-15/2	螺旋式，AC380/400V，熔管 15A，熔体 2A	2
4	交流接触器	CJ20-25	AC380V，主触点额定电流 25A	1
5	热继电器	JR20-25	热元件号 2T，整定电流范围 11.6～14.3～17A	1
6	复合按钮	LA4-2H	具有两对常开触点、两对常闭触点，额定电流 5A	1
7	端子排（主电路）	JX3-25	额定电流 25A	10
8	端子排（控制电路）	JX3-5	额定电流 5A	6
9	导线（主电路）	BVR-6	聚氯乙烯绝缘铜芯软线，6mm²	若干
10	导线（控制电路）	BVR-1.5	聚氯乙烯绝缘铜芯软线，1.5mm²	若干

5）检查元器件

（1）用万用表或目视检查元器件的数量和质量。

（2）测量接触器线圈阻抗，为检测控制电路接线是否正确做准备。

6）固定控制设备并完成接线

根据电气元件布置图固定控制设备，根据电气安装接线图完成接线。

（1）注意事项：

① 接线前断开电源。

② 初学者应按主电路、控制电路的先后顺序，由上至下、由左至右依次连接。

（2）工艺要求：

① 布线通道尽可能少，导线长度尽可能短，导线数量尽可能少。

② 同路并行导线按主电路、控制电路分类集中，单层密排，紧贴安装面布线。

③ 同一平面的导线应高低一致或前后一致，走线合理，不能交叉或架空。

④ 对螺栓式接点，导线按顺时针方向弯圈；对压片式接点，导线可直接插入压紧；不能压绝缘层，也不能露铜过长。

⑤ 布线应横平竖直，分布均匀，变换走向时应垂直。

⑥ 严禁损坏导线绝缘和线芯。

⑦ 一个接线端子上的连接导线不宜多于两根。

⑧ 进出线应合理汇集在端子排上。

7）检查测量

（1）电源电压。用万用表测量电源电压是否正常。

（2）主电路。断开电源进线开关 QF，用手动按下接触器衔铁代替接触器通电吸合，检查主电路连接是否正确，是否有短路、开路点。

（3）控制电路。用万用表检测控制电路时，必须移去控制回路熔断器 FU2，选用能准确显示线圈阻值的电阻挡并校零，以防止无法测量或短路事故的发生。

① 断开电源进线开关 QF，将万用表表笔搭接在 FU2 的 0、1 端，读数应为∞。

② 按下起动按钮 SB2，或者手动按下 KM 的衔铁，读数均应为已测出的线圈阻值。

③在按下起动按钮 SB2，或者手动按下 KM 衔铁的同时，按下停止按钮 SB1，或者断开热继电器 FR 的常闭触点，读数均应为∞。

8）通电试车

安上控制回路熔断器 FU2，合上电源进线开关 QF，按下起动按钮，接触器应动作并能自保持，电动机通电旋转；按下停止按钮，接触器应复位，电动机断电惯性停止。

若电动机旋转方向与工艺要求相反，可改变三相电源中任意两相电源的相序。

 知识拓展

其他三相异步电动机单向直接起动控制方式

1. 多地控制

能在多个地方控制同一台电动机的起动和停止的控制方式，称为电动机的多地控制，其中最常用的是两地控制。

图 5-11 所示为三相笼型异步电动机单方向旋转的两地控制线路。其中 SB1、SB3 为安装在甲地的停止按钮和起动按钮，SB2、SB4 为安装在乙地的停止按钮和起动按钮，线路工作原理如下：

起动按钮 SB3、SB4 是并联的，按下任一起动按钮，接触器线圈都能通电并自锁，电动机通电旋转；停止按钮 SB1、SB2 是串联的，按下任一停止按钮后，都能使接触器线圈断电，电动机停转。

可见，将所有的起动按钮全部并联在自锁触点两端，所有的停止按钮全部串联在接触器线圈回路，就能实现多地控制。

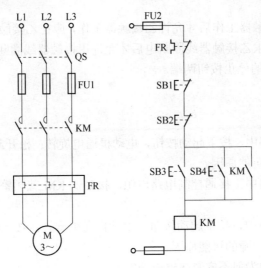

图 5-11　三相笼型异步电动机单方向旋转的两地控制线路

2. 顺序控制

在多台电动机拖动的电气设备中，要求电动机有顺序地起动和停止的控制，称为顺序控制。图 5-12 所示为顺序起动、逆序停止的控制线路。

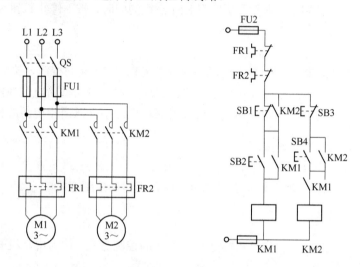

图 5-12　顺序起动、逆序停止的控制线路

1）顺序起动

在接触器 KM2 线圈回路中串接了接触器 KM1 的常开辅助触点，只有 KM1 线圈得电，KM1 常开辅助触点闭合后，按下 SB4，KM2 线圈才能得电，从而保证了"M1 起动后 M2 才能起动"的顺序起动控制要求。

2）逆序停止

在 SB1 的两端并联了接触器 KM2 的常开辅助触点，只有 KM2 线圈断电，KM2 的常开辅助触点断开，按下 SB1，KM1 线圈才能断电，实现了"M2 停止后 M1 才能停止"的逆序停止控制要求。

可见，若要求甲接触器工作后才允许乙接触器工作，应在乙接触器线圈电路中串入甲接触器的常开触点；若要求乙接触器线圈断电后才允许甲接触器线圈断电，应将乙接触器的常开触点并联在甲接触器的停止按钮两端。

 问题思考

1．在长动控制线路中，按下起动按钮，电动机通电旋转；松开起动按钮，电动机断电。试分析出现这一故障的可能原因。

2．在长动控制线路中，接通控制电路电源，接触器 KM 就频繁通断，试分析出现这一故障的可能原因。

3．在长动控制线路中，按下起动按钮，电动机通电旋转；按下停止按钮，电动机无法停止。试分析出现这一故障的可能原因。

4．点动控制电路中为何不安装热继电器？

5．设计一个控制电路，要求：

（1）M1 起动 5s 后 M2 自行起动，M2 起动 5s 后 M3 自行起动，M3 起动 5s 后 M1、M2、M3 同时停止。

（2）具有短路、过载、欠（失）电压保护。

任务 5.2　三相异步电动机正反转控制线路的安装与检修

 任务描述

生产车间新上一套生产设备，由一台三相笼型异步电动机拖动。该电动机的铭牌数据如表 5-1 所示。根据生产设备的具体工作情况，要求该电动机应能实现双向（正、反向）直接起动、连续运行、具有短路保护、过载保护、欠（失）电压保护功能，并能远距离频繁操作。试完成该电动机控制线路的正确装接。

 知识准备

在实际应用中，往往要求生产机械改变运动方向，如工作台前进、后退，机床主轴的正向、反向运动，电梯的上升、下降等，这就要求电动机能实现正、反转运行。

从电动机原理得知，改变三相异步电动机定子绕组的电源相序，就可以改变电动机的旋转方向。在实际应用中，经常通过两个接触器改变电源相序的方法来实现电动机的正、反转控制。

5.2.1　没有互锁的正反转控制

图 5-13（a）所示为接触器实现的电动机正、反转控制线路，其工作原理如下：

1. 正向起动

按下正转起动按钮 SB2→正向接触器 KM1 线圈通电→KM1 所有触点动作：

KM1 主触点闭合→电动机 M 正向起动。

KM1 常开辅助触点闭合→自锁。

2. 停止

按下停止按钮 SB1→KM1 线圈断电→KM1 所有触点复位：

KM1 主触点断开→M 断电。

KM1 常开辅助触点断开→解除自锁。

3. 反向起动

按下反转起动按钮 SB3→反向接触器 KM2 线圈通电→KM2 所有触点动作：

KM2 主触点闭合→M 反向起动。

KM2 常开辅助触点闭合→自锁。

该控制线路虽然可以完成正、反转的控制任务，但有一个最大的缺点：若在按下 SB2 后又误按下 SB3，则 KM1、KM2 均得电，这将造成 L1、L3 两相短路，所以实际应用中这个电路是不存在的。

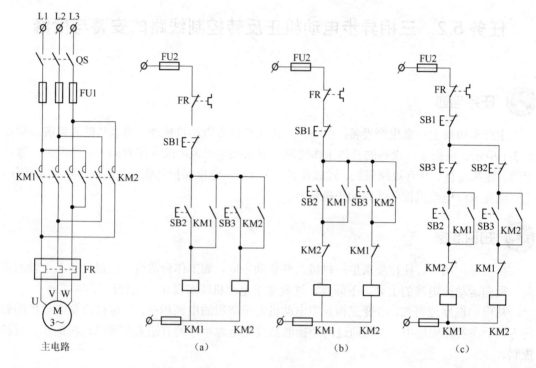

图 5-13 正、反转控制线路

5.2.2 电气互锁的正反转控制

为了避免误操作引起电源短路事故，必须保证图 5-13（a）中的两个接触器不能同时工作。图 5-13（b）成功地解决了这个问题：在正、反向两个接触器线圈回路中互串一个对方的常闭触点即可。其工作原理如下：

1. 正向起动

按下正转起动按钮 SB2→正向接触器 KM1 线圈通电→KM1 所有触点动作：

KM1 主触点闭合→电动机 M 正向起动。

KM1 常开辅助触点闭合→自锁。

KM1 常闭辅助触点断开→断开反向接触器 KM2 线圈通电路径。

2. 停止

按下停止按钮 SB1→KM1 线圈断电→KM1 所有触点复位：

KM1 主触点断开→M 断电。

KM1 常开辅助触点断开→解除自锁。

KM1 常闭辅助触点闭合→为 KM2 线圈通电做准备。

3．反向起动

按下反转起动按钮 SB3→反向接触器 KM2 线圈通电→KM2 所有触点动作：

KM2 主触点闭合→M 反向起动。

KM2 常开辅助触点闭合→自锁。

KM2 常闭辅助触点断开→断开 KM1 线圈通电路径。

这种在同一时间里两个接触器只允许一个工作的控制，称为互锁（或联锁）；这种利用接触器常闭辅助触点实现的互锁，称为电气互锁。

该控制线路虽然能够避免因误操作而引起的电源短路事故，但也有不足之处，即只能实现电动机的"正转—停止—反转—停止"控制，无法实现"正转—反转"的直接控制，这给某些操作带来了不便。

5.2.3　双重互锁正、反转控制

为了解决图 5-13（b）中电动机不能从一个转向直接过渡到另一个转向的问题，在生产实际中常采用图 5-13（c）所示的双重互锁正、反转控制电路。

1．工作原理

1）正向起动

按下正转起动按钮 SB2：

SB2 常闭触点断开→断开反向接触器 KM2 线圈通电路径。

SB2 常开触点闭合→正向接触器 KM1 线圈通电→KM1 所有触点动作：

KM1 主触点闭合→电动机 M 正向起动。

KM1 常开辅助触点闭合→自锁。

KM1 常闭辅助触点断开→电气互锁。

2）反向起动

按下反转起动按钮 SB3：

SB3 常闭触点断开→KM1 线圈断电→KM1 所有触点复位：

KM1 主触点断开→M 断电。

KM1 常开辅助触点断开→解除自锁。

KM1 常闭辅助触点闭合→解除互锁。

SB3 常开触点闭合→反向接触器 KM2 线圈通电→KM2 所有触点动作：

KM2 主触点闭合→M 反向起动。

KM2 常开辅助触点闭合→自锁。

KM2 常闭辅助触点断开→电气互锁。

3）停止

按下停止按钮 SB1→KM1（或 KM2）线圈断电→KM1（或 KM2）所有触点复位→M

断电。

　　该控制由于既有"电气互锁"，又有由复式按钮的常闭触点组成的"机械互锁"，故称为"双重互锁"。

　　2. 实现保护

　　（1）短路保护：主电路和控制电路的短路保护分别由熔断器 FU1、FU2 实现。

　　（2）过载保护：由热继电器 FR 实现。

　　（3）欠、失电压保护：由接触器 KM1、KM2 实现。

　　（4）双重互锁保护：由复合按钮 SB1、SB2 的常闭触点和接触器 KM1、KM2 的常闭辅助触点实现。

 任务实施

　　1. 准备

　　（1）工具：螺钉旋具（一字、十字）、剥线钳、尖嘴钳、钢丝钳等常用接线工具。

　　（2）仪表：万用表

　　2. 实施步骤

　　1）确定控制方案

　　根据本任务的任务描述和控制要求，宜选择双重互锁正、反转控制方式。

　　（2）绘制电气原理图

　　绘制电气原理图、标注节点号码，并说明工作原理和具有的保护，如图 5-14 所示。

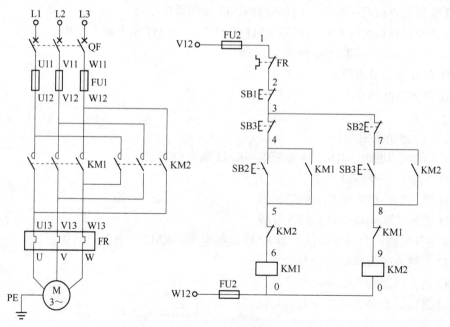

图 5-14　三相异步电动机双重互锁正、反转控制的原理图

3）绘制电气元件布置图和电气安装接线图

三相异步电动机双重互锁正、反转控制电气元件布置图和电气安装接线图如图 5-15 所示。

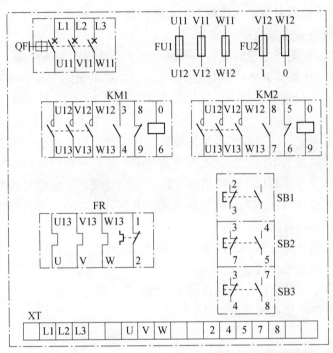

图 5-15　三相异步电动机双重互锁正、反转控制电气元件布置图和电气安装接线图

4）选择器件和导线

根据低压断路器、熔断器、接触器、热继电器、复合按钮、端子排、导线的选择原则，结合本任务具体参数（线路额定电压为 AC380V、电动机额定电流为 15.4A），所选本任务所需器件、导线的型号和数量参见表 5-3。

表 5-3　器材参考表

序号	名称	型号	主要技术数据	数量
1	低压断路器	DZ5-50/300	塑壳式，AC380V，50A，3 极，无脱扣器	1
2	熔断器（主电路）	RL1-60/40	螺旋式，AC380/400V，熔管 60A，熔体 40A	3
3	熔断器（控制电路）	RL1-15/2	螺旋式，AC380/400V，熔管 15A，熔体 2A	2
4	交流接触器	CJ20-25	AC380V，主触点额定电流 25A	2
5	热继电器	JR20-25	热元件号 2T，整定电流范围 11.6～14.3～17A	1
6	复合按钮	LA4-3H	具有 3 对常开触点、3 对常闭触点，额定电流 5A	1
7	端子排（主电路）	JX3-25	额定电流 25A	10
8	端子排（控制电路）	JX3-5	额定电流 5A	8
9	导线（主电路）	BVR-6	聚氯乙烯绝缘铜芯软线，6mm²	若干
10	导线（控制电路）	BVR-1.5	聚氯乙烯绝缘铜芯软线，1.5mm²	若干

5）检查元器件

（1）用万用表或目视检查元器件的数量和质量。

（2）测量接触器线圈阻抗，为检测控制电路接线是否正确做准备。

6）固定控制设备并完成接线

根据电气元件布置图固定控制设备，根据电气安装接线图完成接线。

（1）注意事项：接触器 KM1 主触点接通时，进入电动机的电源相序是 L1-L2-L3；接触器 KM2 主触点接通时，进入电动机的电源相序是 L3-L2-L1。

（2）工艺要求：

① 布线通道尽可能少，导线长度尽可能短，导线数量尽可能少。

② 同路并行导线按主电路、控制电路分类集中，单层密排，紧贴安装面布线。

③ 同一平面的导线应高低一致或前后一致，走线合理，不能交叉或架空。

④ 对螺栓式接点，导线按顺时针方向弯圈；对压片式接点，导线可直接插入压紧；不能压绝缘层，也不能露铜过长。

⑤ 布线应横平竖直，分布均匀，变换走向时应垂直。

⑥ 严禁损坏导线绝缘和线芯。

⑦ 一个接线端子上的连接导线不宜多于两根。

⑧ 进出线应合理汇集在端子排上。

7）检查测量

（1）电源电压。用万用表测量电源电压是否正常。

（2）主电路。断开电源进线开关 QF，用手动按下接触器衔铁代替接触器通电吸合，检查主电路连接是否正确，是否有短路、开路点。

（3）控制电路。用万用表检测控制电路时，必须移去控制回路熔断器 FU2，选用能准确显示线圈阻值的电阻挡并校零，以防止无法测量或短路事故的发生。

① 移去控制回路熔断器 FU2，将万用表表笔搭接在 FU2 的 0、1 端，读数应为∞。

② 按下起动按钮 SB2（SB3），或者手动压下 KM1（KM2）衔铁，读数均应为接触器 KM1（KM2）线圈的阻值。

③ 用导线同时短接 KM1、KM2 的自锁触点，读数应为接触器 KM1、KM2 线圈并联的阻值。

④ 同时按下 SB2 和 SB3，或者同时压下 KM1 和 KM2 的衔铁，读数均应为∞。

⑤ 在按下起动按钮 SB2（SB3），或者手动压下 KM1（KM2）衔铁的同时，按下停止按钮 SB1，或者断开热继电器 FR 的常闭触点，读数均应为∞。

8）通电试车

安上控制回路熔断器 FU2，合上电源进线开关 QF。按下正向起动按钮 SB2，接触器 KM1 应动作并能自保持，电动机正向起动；按反向起动按钮 SB3，KM1 应断电，同时 KM2 得电并自锁，电动机反向起动；按下停止按钮 SB1，接触器 KM2 应断电，电动机断电惯性停止。

知识拓展

工作台自动往复运动控制

1. 结构组成

图 5-16 为机床工作台自动往复运动示意图。将行程开关 SQ1 安装在右端需要进行反向运行的位置 A 上，行程开关 SQ2 安装在左端需要进行反向运行的位置 B 上，撞块安装在由电动机拖动的工作台等运动部件上，极限位置保护行程开关 SQ3、SQ4 分别安装在行程开关 SQ1、SQ2 后面。

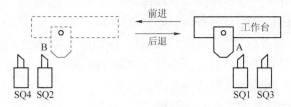

图 5-16　机床工作台自动往复运动示意图

2. 工作原理

图 5-17 所示为自动往复循环控制电路，电路工作原理如下：

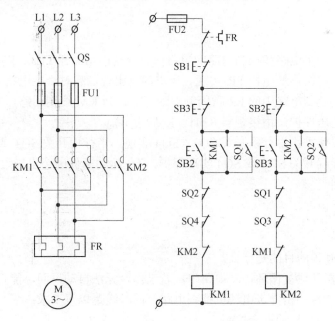

图 5-17　自动往复循环控制电路

1）起动

按下起动按钮 SB2（SB3）：

SB2（SB3）常闭触点断开→断开 KM2（KM1）线圈通电路径。

SB2（SB3）常开触点闭合→KM1（KM2）线圈通电→KM1（KM2）所有触点动作：

KM1（KM2）主触点闭合→电动机拖动运动部件向左（右）运动。

KM1（KM2）常开辅助触点闭合→自锁。

KM1（KM2）常闭辅助触点断开→互锁。

2）自动往复循环

当运动部件运动到位置 B（A）时，撞块碰到行程开关 SQ2（SQ1）→SQ2（SQ1）所有触点动作：

SQ2（SQ1）常闭触点先断开→KM1（KM2）线圈断电→KM1（KM2）所有触点复位：

KM1（KM2）主触点断开→电动机断电。

KM1（KM2）常开辅助触点断开→解除自锁。

KM1（KM2）常闭辅助触点闭合→解除互锁。

SQ2（SQ1）常开触点后闭合→KM2（KM1）线圈通电→KM2（KM1）所有触点动作：

KM2（KM1）主触点闭合→电动机拖动运动部件向右（左）运动。

KM2（KM1）常开辅助触点闭合→自锁。

KM2（KM1）常闭辅助触点断开→互锁。

如此周而复始自动往复工作。

3）停止

按下停止按钮 SB1→KM1（或 KM2）线圈断电→KM1（或 KM2）所有触点复位→电动机 M 断电。

3. 实现保护

（1）短路保护：主电路和控制电路的短路保护分别由熔断器 FU1、FU2 实现。

（2）过载保护：由热继电器 FR 实现。当电动机出现过载时，主电路中的 FR 双金属片因过热变形，致使控制电路中的 FR 常闭触点断开，切断 KM 线圈回路，电动机停转。

（3）欠、失电压保护：由接触器 KM1、KM2 实现。

（4）极限位置保护：由行程开关 SQ3、SQ4 实现。当行程开关 SQ1 或 SQ2 失灵时，则由后备极限保护行程开关 SQ3 或 SQ4 实现保护，避免运动部件因超出极限位置而发生事故，只是不能自动返回。

 问题思考

1. 设置按钮互锁的目的是什么？

2. 在工作台自动往复循环控制电路中，若工作台无法自动返回，能否手动返回？

3. 设计一个单台三相异步电动机控制电路，同时满足以下要求：

（1）能实现点动与长动混合控制。

（2）能两地控制这台电动机。

（3）能实现正、反转。

（4）具有短路、过载、欠（失）电压保护。

任务 5.3　三相异步电动机降压起动控制线路的安装与检修

任务描述

生产车间新上一套生产设备，由一台三相笼型异步电动机（电动机的铭牌数据如表 5-1 所示）拖动，该电动机由一台型号为 S9-30/6.3/0.4（三相铜绕组变压器，额定容量 30 kV·A，高压侧额定电压 6.3kV，低压侧额定电压 0.4kV）的专用电源变压器供电。

根据生产设备的具体工作情况，要求该电动机应能实现单向起动、连续运行，具有短路保护、过载保护、欠（失）电压保护功能、能远距离频繁操作，同时其控制方式应力求结构简单、价格便宜。

试完成该电动机控制线路的正确装接。

知识准备

降压起动是指降低加在电动机定子绕组上的电压（以降低起动电流、减小起动冲击），待电动机起动后再将电压恢复到额定值（使之在额定电压下运行）的起动方式。

电动机若满足下述三个条件中的一个，就可以降压起动：

（1）电动机额定容量≥10kW。

（2）电动机额定容量≥专用电源变压器容量的 20％。

（3）满足经验公式：

$$I_{st} / I_N \geqslant 3 / 4 + S / (4P_N) \tag{5-2}$$

式中 I_{st}——电动机起动电流（A）；

　　I_N——电动机额定电流（A）；

　　S——电源容量（kV·A）；

　　P_N——电动机额定功率（kW）。

三相异步电动机常用的降压起动方法有丫-△（星形-三角形）降压起动、定子绕组串电阻降压起动、自耦变压器降压起动、软起动控制等。

5.3.1　丫-△ 降压起动

丫-△这种降压起动方式既可以由时间继电器自动实现，也可以由按钮手动实现。

1．工作原理

1）时间继电器控制的丫-△降压起动控制电路

时间继电器控制的丫-△降压起动控制线路如图 5-18 所示。

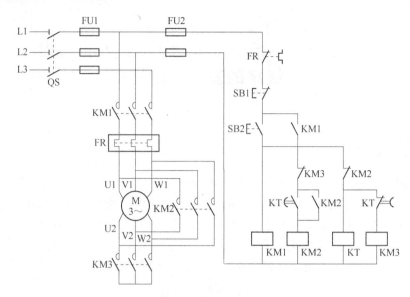

图 5-18　时间继电器控制的丫-△降压起动控制线路

（1）丫降压起动。按下起动按钮 SB2→KM1、KM3、KT 线圈同时通电：

接触器 KM1 线圈通电→KM1 所有触点动作：

KM1 主触点闭合→接入三相交流电源。

KM1 常开辅助触点闭合→自锁。

接触器 KM3 线圈通电→KM3 所有触点动作：

KM3 主触点闭合→将电动机定子绕组接成丫→使电动机每相绕组承受的电压为△联结时的 $1/\sqrt{3}$、起动电流为△直接起动电流的 1/3→电动机降压起动。

KM3 常闭辅助触点断开→互锁。

时间继电器 KT 线圈通电→开始延时→（2）。

（2）△全压运行。延时结束（转速上升到接近额定转速时）→KT 触点动作：

KT 常闭触点断开→KM3 线圈断电→KM3 所有触点复位：

KM3 主触点断开→解开封星点。

KM3 常闭辅助触点闭合→为 KM2 线圈通电做准备。

KT 常开触点闭合→KM2 线圈通电→KM2 所有触点动作：

KM2 主触点闭合→将电动机定子绕组接成△→电动机全压运行。

KM2 常开辅助触点闭合→自锁。

KM2 常闭辅助触点断开（互锁）→KT 线圈断电→KT 所有触点瞬时复位（避免了时间继电器长期无效工作）。

2）按钮控制的丫-△降压起动控制线路

按钮控制的丫-△降压起动控制线路如图 5-19 所示。

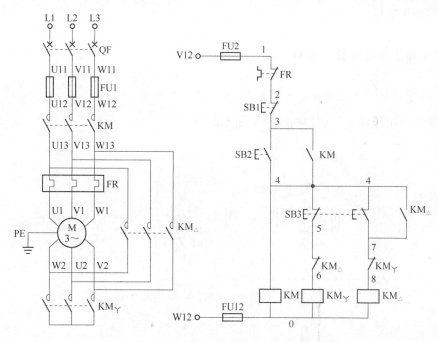

图 5-19　按钮控制的丫-△降压起动控制线路

（1）丫降压起动。按下丫起动按钮 SB2→KM、KM丫线圈同时通电：

接触器 KM 线圈通电→KM 所有触点动作：

KM 主触点闭合→接入三相交流电源。

KM 常开辅助触点闭合→自锁。

接触器 KM丫线圈通电→KM丫所有触点动作：

KM丫主触点闭合→将电动机定子绕组接成丫→电动机降压起动。

KM丫常闭辅助触点断开→互锁。

（2）△全压运行。当转速上升到接近额定转速时，按下△运行按钮 SB3→SB3 触点动作：

SB3 常闭触点先断开→KM丫线圈断电→KM丫所有触点复位：

KM丫主触点断开→解开封星点。

KM丫常闭辅助触点闭合→为 KM△线圈通电做准备。

SB3 常开触点后闭合→KM△线圈通电→KM△所有触点动作：

KM△主触点闭合→将电动机定子绕组接成△→电动机全压运行。

KM△常开辅助触点闭合→自锁。

KM△常闭辅助触点断开→互锁。

2. 特点

在所有降压起动控制方式中，丫-△降压起动控制方式结构最简单、价格最便宜，并且当负载较轻时，可一直丫运行以节约电能。

但是，丫-△降压起动控制方式在限制起动电流的同时，起动转矩也降为△直接起动时的 1/3，因此，它只适用于空载或轻载起动的场合，并且只适用于正常运行时定子绕组接成

△的三相笼型电动机。

5.3.2 定子绕组串电阻降压起动

1. 工作原理

定子绕组串电阻降压起动控制线路如图 5-20 所示。

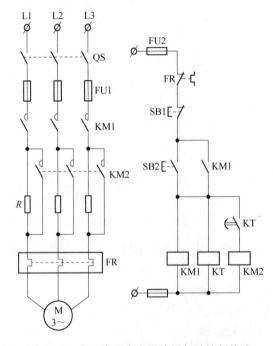

图 5-20　定子绕组串电阻降压起动控制线路

1）降压起动

按下起动按钮 SB2→KM1、KT 线圈同时通电：

接触器 KM1 线圈通电→KM1 所有触点动作：

KM1 主触点闭合→接入三相交流电源→电动机降压起动（电动机三相定子绕组由于串联了电阻 R，而使其电压降低，从而降低了起动电流）。

KM1 常开辅助触点闭合→自锁。

时间继电器 KT 线圈通电→开始延时→2）。

2）全压运行

延时结束（转速上升到接近额定转速时）→KT 常开触点闭合→KM2 线圈通电→KM2 主触点闭合（将主电路电阻 R 短接切除）→电动机全压运行。

该电路在起动结束后，KM1、KM2、KT 三个线圈都通电，这不仅消耗电能、减少电器的使用寿命，而且是不必要的。如何使得电路起动后通电线圈个数最少，请读者自行设计其主电路和控制电路。

2．特点

定子绕组串电阻降压起动的方法虽然设备简单，但电能损耗较大。为了节省电能可采用电抗器代替电阻，但成本较高。

5.3.3　自耦变压器降压起动

自耦变压器一般有 65%、85% 等抽头，改变抽头的位置可以获得不同的输出电压。降压起动用的自耦变压器称为起动补偿器。

1．工作原理

XJ01 系列起动补偿器实现降压起动的控制线路如图 5-21 所示。

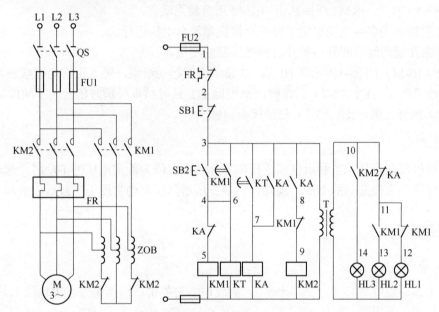

图 5-21　XJ01 系列起动补偿器实现降压起动的控制线路

1）降压起动

合上电源开关 QS→指示灯 HL1 亮（显示电源电压正常）；按下起动按钮 SB2→接触器 KM1、时间继电器 KT 线圈同时通电：

KM1 线圈通电→KM1 所有触点动作：

KM1 主触点闭合→电动机定子绕组接自耦变压器二次电压降压起动。

KM1（8-9）断开→互锁。

KM1（11-12）断开→电源指示灯 HL1 灭。

KM1（3-6）闭合→自锁。

KM1（11-13）闭合→HL2 亮（显示电动机正在进行降压起动）。

KT 线圈通电→开始延时→2）。

2）全压运行

当电动机转速上升到接近额定转速时，KT 延时结束→KT （3-7）闭合→中间继电器 KA 线圈通电→KA 所有触点动作：

KA（3-7）闭合→自锁。

KA（10-11）断开→指示灯 HL2 断电熄灭。

KA（4-5）断开→KM1 线圈断电→KM1 所有触点复位：

KM1 主触点断开→切除自耦变压器。

KM1（3-6）断开→KT 线圈断电→KT（3-7）瞬时断开。

KM1（11-13）断开。

KM1（8-9）闭合。

KM1（11-12）闭合。

KA（3-8）闭合→KM2 线圈通电→KM2 所有触点动作：

KM2 主触点闭合→电动机定子绕组直接接电源全电压运行。

KM2 常闭辅助触点断开→解开自耦变压器的星点。

KM2（10-14）闭合→指示灯 HL3 亮（显示降压起动结束，进入正常运行状态）。

值得注意的是，KT（3-7）只在时间继电器 KT 延时结束时瞬时闭合一下随即断开，在 KT （3-7）断开之前，KA（3-7）已经闭合自锁。

2．特点

由电动机原理可知：当利用自耦变压器将起动电压降为额定电压的 1/K 时，起动电流、起动转矩将降为直接起动的 1/K^2，因此，自耦变压器降压起动常用于空载或轻载起动。

 任务实施

1．准备

（1）工具：螺钉旋具（一字、十字）、剥线钳、尖嘴钳、钢丝钳等常用接线工具。

（2）仪表：万用表。

2．实施步骤

1）确定控制方案

根据本任务的任务描述和控制要求，宜选择按钮控制的丫-△降压起动控制方式。

2）绘制电气原理图

绘制电气原理图、标注节点号码，并说明工作原理和具有的保护。

3）绘制电气元件布置图和电气安装接线图

按钮切换的丫-△降压起动控制电气元件布置和电气安装接线图如图 5-22 所示。

4）选择器件和导线

根据低压断路器、熔断器、接触器、热继电器、复合按钮、端子排、导线的选择原则，结合本任务具体参数（线路额定电压为 AC380V、电动机额定电流为 15.4A），所选本任务所需器件、导线的型号和数量参见表 5-4。

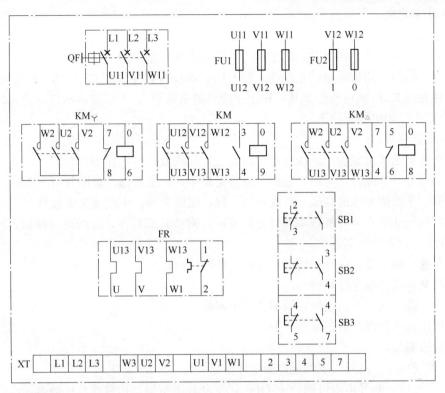

图 5-22　按钮切换的丫-△降压起动控制电气元件布置图和电气安装接线图

表 5-4　器材参考表

序号	名称	型号	主要技术数据	数量
1	低压断路器	DZ5-50/300	塑壳式，AC380V，50A，3 极，无脱扣器	1
2	熔断器（主电路）	RL1-60/40	螺旋式，AC380/400V，熔管 60A，熔体 40A	3
3	熔断器（控制电路）	RL1-15/2	螺旋式，AC380/400V，熔管 15A，熔体 2A	2
4	交流接触器	CJ20-25	AC380V，主触点额定电流 25A	3
5	热继电器	JR20-25	热元件号 2T，整定电流范围 11.6～14.3～17A	1
6	复合按钮	LA4-3H	具有 3 对常开触点、3 对常闭触点，额定电流 5A	1
7	端子排（主电路）	JX3-25	额定电流 25A	12
8	端子排（控制电路）	JX3-5	额定电流 5A	8
9	导线（主电路）	BVR-6	聚氯乙烯绝缘铜芯软线，6mm²	若干
10	导线（控制电路）	BVR-1.5	聚氯乙烯绝缘铜芯软线，1.5mm²	若干

5）检查元器件

（1）用万用表或目视检查元器件的数量和质量。

（2）测量接触器线圈阻抗，为检测控制电路接线是否正确做准备。

6）固定控制设备并完成接线

根据电气元件布置图固定控制设备，根据电气安装接线图完成接线。

（1）注意事项：

① 接线前断开电源。

② 必须拆开电动机接线盒内的连接片，确保有 6 个独立的接线端子。

③ 保证绕组三角形联结的正确性，即 U1 与 W2、V1 与 U2、W1 与 V2 相连接。

④ 接触器 KM丫的进线必须从三相定子绕组的末端引入，若误将其从首端引入，则 KM丫 吸合时会产生三相电源短路事故。

（2）工艺要求：

① 布线通道尽可能少，导线长度尽可能短，导线数量尽可能少。

② 同路并行导线按主电路、控制电路分类集中，单层密排，紧贴安装面布线。

③ 同一平面的导线应高低一致或前后一致，走线合理，不能交叉或架空。

④ 对螺栓式接点，导线按顺时针方向弯圈；对压片式接点，导线可直接插入压紧；不能压绝缘层，也不能露铜过长。

⑤ 布线应横平竖直，分布均匀，变换走向时应垂直。

⑥ 严禁损坏导线绝缘和线芯。

⑦ 一个接线端子上的连接导线不宜多于两根。

⑧ 进出线应合理汇集在端子排上。

7）检查测量

（1）电源电压。用万用表测量电源电压是否正常。

（2）主电路。断开电源进线开关 QF，用手动按下接触器衔铁代替接触器通电吸合，检查测量主电路连接是否正确，是否有短路、开路点。

（3）控制电路。

① 移去控制回路熔断器 FU2，将万用表表笔搭接在 FU2 的 0、1 端，读数应为∞。

② 按下起动按钮 SB2，或者手动按下 KM 的衔铁，读数均应为接触器 KM 和 KM丫线圈电阻的并联值。

③ 同时按下 SB2 和 SB3，或者同时压下 KM 和 KM△的衔铁，读数均应为接触器 KM 和 KM△线圈电阻的并联值。

④ 在按下起动按钮 SB2，或者手动按下 KM 衔铁的同时，按下停止按钮 SB1，或者断开热继电器 FR 的常闭触点，读数均应为∞。

8）通电试车

安上控制回路熔断器 FU2，合上电源进线开关 QF，按下星起动按钮 SB2，接触器 KM、KM丫应动作并能自保持，电动机降压起动；按下角运行按钮 SB3，KM丫应断电，同时 KM△得电并自锁，电动机全压运行；按下停止按钮 SB1，接触器 KM、KM△应断电，电动机断电惯性停止。

问题思考

1. 设计一个定子绕组串电阻降压起动控制线路，要求起动结束后，只有一个接触器线圈通电，以节约电能、提高电器的使用寿命。

2．在图 5-21 所示的 XJ01 系列起动补偿器实现降压起动的控制线路中，在 KT（3-7）断开之前，KA（3-7）已经闭合自锁。试分析其动作先后过程。

3．在图 5-21 所示的 XJ01 系列起动补偿器实现降压起动的控制线路中，电动机由降压起动到全压运行过程中，KM1（11-13）、KA（10-11）哪个先断开指示灯 HL2？

任务 5.4　三相异步电动机制动控制线路的安装与检修

任务描述

生产车间新上一套生产设备，由一台三相笼型异步电动机拖动。该电动机的铭牌数据如表 5-1 所示。

根据生产设备的具体工作情况，要求该电动机应能实现单向直接起动、连续运行，具有短路保护、过载保护、欠（失）电压保护功能，能远距离频繁操作、能平稳制动，同时其控制方式应力求结构简单、价格便宜。

试完成该电动机控制线路的正确装接。

知识准备

三相异步电动机定子绕组脱离电源后，由于惯性作用，转子需经过一段时间才能停止转动。而某些生产工艺要求电动机能迅速而准确地停车，这就要求对电动机进行制动。制动的方式有机械制动和电气制动两种。

机械制动是在电动机断电后利用机械装置使电动机迅速停转，其中电磁抱闸制动就是常用的方法。电磁抱闸由制动电磁铁和闸瓦制动器组成，分为断电制动型和通电制动型。进行机械制动时，将制动电磁铁线圈的电源切断或接通，通过机械抱闸制动电动机。

电气制动是产生一个与原来转动方向相反的电磁力矩，使电动机转速迅速下降。常用的电气制动方法有反接制动和能耗制动。

5.4.1　反接制动

反接制动的实质就是改变三相电源的相序，产生与转子惯性旋转方向相反的电磁转矩。在电动机转速接近零时，将电源切除，以免引起电动机反转。控制电路中常采用速度继电器来检测电动机的零速点并切除三相电源。

反接制动时，转子与旋转磁场的相对速度接近于同步转速的两倍，定子绕组电流很大，为了防止绕组过热、减小制动冲击，一般功率在 10kW 以上的电动机，定子回路中应串入反接制动电阻，以限制制动电流。

1. 工作原理

1）单向运转的反接制动控制线路

单向运转的反接制动控制线路如图 5-23 所示。

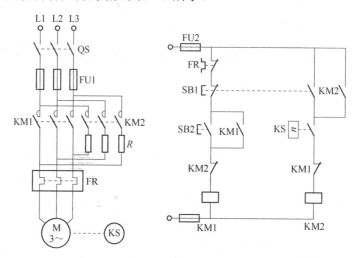

图 5-23　单向运转的反接制动控制线路

（1）起动。按下起动按钮 SB2→接触器 KM1 线圈通电→KM1 所有触点动作：

KM1 主触点闭合→电动机 M 全压起动运行→当转速上升到某一值（通常为大于 120r/min）以后→速度继电器 KS 的常开触点闭合（为制动接触器 KM2 的通电做准备）。

KM1 常闭辅助触点断开→互锁。

KM1 常开辅助触点闭合→自锁。

（2）制动。按下停止按钮 SB1→SB1 的所有触点动作：

SB1 常闭触点先断开→KM1 线圈断电→KM1 所有触点复位：

KM1 主触点断开→M 断电。

KM1 常开辅助触点断开→解除自锁。

KM1 常闭辅助触点闭合→为 KM2 线圈通电做准备。

SB1 常开触点后闭合→KM2 线圈通电→KM2 所有触点动作：

KM2 常开辅助触点闭合→自锁。

KM2 常闭辅助触点断开→互锁。

KM2 的主触点闭合→改变了电动机定子绕组中电源的相序，电动机在定子绕组串入电阻 R 的情况下反接制动→转速下降到某一值（通常为小于 100r/min）时→KS 触点复位→KM2 线圈断电→KM2 所有触点复位：

KM2 常开辅助触点断开。

KM2 常闭辅助触点闭合。

KM2 主触点断开（制动过程结束，防止反向起动）。

2）可逆运行的反接制动控制线路

图 5-24 所示为笼型异步电动机可逆运行的反接制动控制线路。

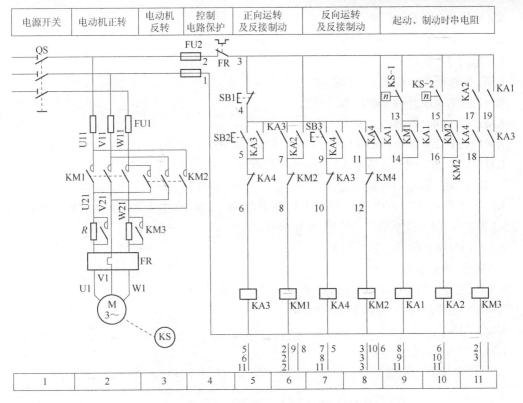

图 5-24　笼型异步电动机可逆运行的反接制动控制线路

图 5-24 中 KM1、KM2 为正、反转接触器，KM3 为短接电阻接触器，KA1～KA4 为中间继电器，KS 为速度继电器，R 为起动与制动电阻。电路工作原理如下：

（1）正向起动。按下正转起动按钮 SB2→KA3 线圈通电→KA3 所有触点动作：

KA3（9-10）断开→互锁。

KA3（4-5）闭合→自锁。

KA3（18-19）闭合→为 KM3 线圈通电做准备。

KA3（4-7）闭合→接触器 KM1 线圈通电→KM1 所有触点动作：

KM1 主触点闭合→电动机定子绕组串电阻R降压起动→当转子速度大于一定值时→KS-1闭合→KA1 线圈通电→KA1 所有触点动作：

KA1（3-11）闭合→为 KM2 线圈通电做准备。

KA1（13-14）闭合→自锁。

KA1（3-19）闭合→KM3 线圈通电→KM3 主触点闭合（电阻 R 被短接）→电动机全压运转。

KM1（11-12）断开→互锁。

KM1（13-14）闭合→为 KA1 线圈通电做准备。

（2）制动。按下停止按钮 SB1→KA3、KM1 线圈同时断电：

KA3 线圈断电→KA3 所有触点复位：

KA3（9-10）闭合→为 KA4 线圈通电做准备。

KA3（4-5）断开→解除自锁。

KA3（18-19）断开→KM3 线圈断电→KM3 主触点断开。

KA3（4-7）断开。

KM1 线圈断电→KM1 所有触点复位：

KM1 主触点断开→电动机 M 断电。

KM1（13-14）断开。

KM1（11-12）闭合→KM2 线圈通电→KM2 所有触点动作：

KM2（15-16）闭合→为 KA2 线圈通电做准备。

KM2（7-8）断开→互锁。

KM2 主触点闭合→电动机定子绕组串电阻 R 反接制动→当转子速度低于一定值时→KS-1 断开→KA1 线圈断电→KA1 所有触点复位：

KA1（13-14）断开→解除自锁。

KA1（3-19）断开。

KA1（3-11）断开→KM2 线圈断电→KM2 所有触点复位：

KM2 主触点断开→反接制动结束。

KM2（15-16）断开。

KM2（7-8）闭合。

（3）反向起动、制动。电动机反向起动和制动过程与此相似，读者可自行分析。

2. 特点

反接制动的优点是制动能力强、制动时间短；缺点是能量损耗大、制动时冲击力大、制动准确度差。因此，反接制动适用于生产机械的迅速停机与迅速反向运转。

5.4.2 能耗制动

能耗制动的实质就是在电动机脱离三相交流电源后，在定子绕组上加一个直流电源，产生一个静止磁场，惯性转动的转子在磁场中切割静止的磁力线，产生与惯性转动方向相反的电磁转矩，对转子起制动作用。这种制动方法是将电动机转子旋转的动能转变为电能并消耗掉，故称为能耗制动。

能耗制动既可以由时间继电器（按时间原则）进行控制，也可以由速度继电器（按速度原则）进行控制。

1. 工作原理

1）单向能耗制动控制电路

图 5-25 所示为按时间原则控制的单向能耗制动控制电路，图中 KM1 为单向旋转接触器，KM2 为能耗制动接触器，VC 为桥式整流电路。

（1）起动。按下起动按钮 SB2→KM1 线圈通电→KM1 所有触点动作：

KM1 主触点闭合→电动机单向起动。

KM1 常开辅助触点闭合→自锁。

KM1 常闭辅助触点断开→互锁。

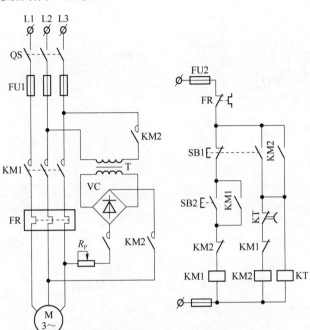

图 5-25 按时间原则控制的单向能耗制动控制电路

（2）制动。按下停止按钮 SB1→SB1 的所有触点动作：

SB1 常闭触点先断开→KM1 线圈断电→KM1 所有触点复位：

KM1 主触点断开→电动机定子绕组脱离三相交流电源。

KM1 常开辅助触点断开→解除自锁。

KM1 常闭辅助触点闭合→为 KM2 线圈通电做准备。

SB1 常开触点后闭合→KM2、KT 线圈同时通电：

KM2 线圈通电→KM2 所有触点动作：

KM2 主触点闭合→将两相定子绕组接入直流电源进行能耗制动。

KM2 常开辅助触点闭合→自锁。

KM2 常闭辅助触点断开→互锁。

KT 线圈通电→开始延时→当转速接近零时，KT 延时结束→KT 常闭触点断开→KM2 线圈断电→KM2 所有触点复位：

KM2 主触点断开→制动过程结束。

KM2 常开辅助触点断开→KT 线圈断电→KT 常闭触点瞬时闭合。

KM2 常闭辅助触点闭合。

这种制动电路制动效果较好，但所需设备多，成本高。当电动机功率在 10kW 以下且制动要求不高时，可采用无变压器的单管能耗制动控制电路。

图 5-26 所示为单管能耗制动控制电路，该电路采用无变压器的单管半波整流作为直流电源，采用时间继电器对制动时间进行控制，其工作原理请读者自行分析。

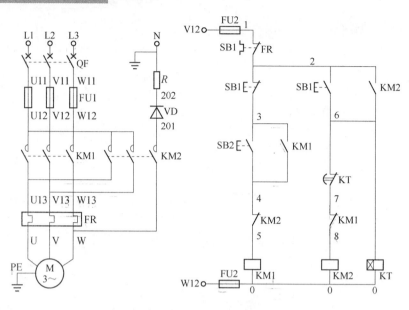

图 5-26　单管能耗制动控制电路

2）可逆运行的能耗制动控制电路

图 5-27 所示为按速度原则控制的可逆运行能耗制动控制电路。图中 KM1、KM2 为正反转接触器，KM3 为制动接触器。

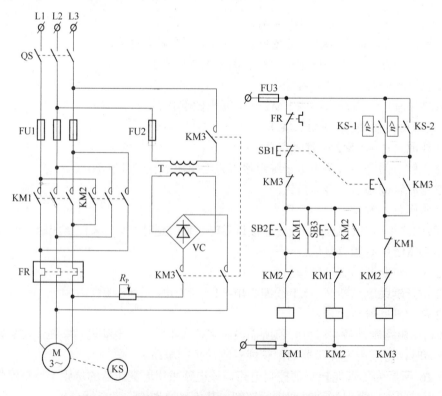

图 5-27　按速度原则控制的可逆运行能耗制动控制电路

（1）正向起动。按下正向起动按钮 SB2→KM1 线圈通电→KM1 所有触点动作：

KM1 主触点闭合→电动机正向起动→当转子速度大于一定值时→速度继电器 KS-1 闭合（为制动接触器 KM3 线圈通电做准备）。

KM1 常开辅助触点闭合→自锁。

KM1 常闭辅助触点（2 个）断开→互锁。

（2）制动。按下停止按钮 SB1→SB1 的所有触点动作：

SB1 常闭触点先断开→KM1 线圈断电→KM1 所有触点复位：

KM1 主触点断开→电动机定子绕组脱离三相交流电源。

KM1 常开辅助触点断开→解除自锁。

KM1 常闭辅助触点（2 个）闭合→分别为 KM2、KM3 线圈通电做准备。

SB1 常开触点后闭合→KM3 线圈通电→KM3 所有触点动作：

KM3 常开辅助触点闭合→自锁。

KM3 常闭辅助触点断开→互锁。

KM3 主触点闭合→电动机定子绕组接入直流电源进行能耗制动→当转子速度低于一定值时→KS-1 断开→KM3 线圈断电→KM3 所有触点复位：

KM3 主触点断开→制动过程结束。

KM3 常开辅助触点断开。

KM3 常闭辅助触点闭合。

（3）反向起动、制动。电动机反向起动和制动过程与此相似，读者可自行分析。

2）特点

能耗制动的特点是制动电流较小、能量损耗小、制动准确，但它需要直流电源，制动速度较慢，通常适用于电动机容量较大，起动，制动频繁，要求平稳制动的场合。

 任务实施

1. 准备

（1）工具：螺钉旋具（一字、十字）、剥线钳、尖嘴钳、钢丝钳等常用接线工具。

（2）仪表：万用表。

2. 实施步骤

1）确定控制方案

根据本任务的任务描述和控制要求，宜选择单向单管能耗制动控制方式。

2）绘制电气原理图

绘制电气原理图、标注节点号码，并说明工作原理和具有的保护。

3）绘制电气元件布置图和电气安装接线图

异步电动机单管能耗制动控制线路电气元件布置图和电气安装接线图如图 5-28 所示。

4）选择器件和导线

根据低压断路器、熔断器、接触器、热继电器、复合按钮、端子排、导线的选择原则，结合本任务具体参数（线路额定电压为 AC380V、电动机额定电流为 15.4A），所选本任务所需器件、导线的型号和数量参见表 5-5。

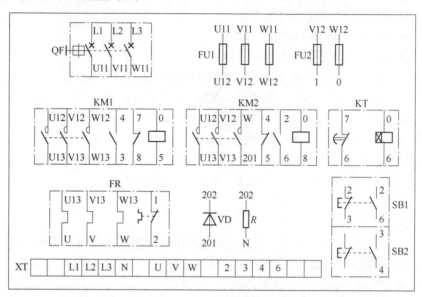

图 5-28　异步电动机单管能耗制动控制线路电气元件布置图和电气安装接线图

表 5-5　器材参考表

序号	名称	型号	主要技术数据	数量
1	低压断路器	DZ5-50/300	塑壳式，AC380V，50A，3 极，无脱扣器	1
2	熔断器（主电路）	RL1-60/40	螺旋式，AC380/400V，熔管 60A，熔体 40A	3
3	熔断器（控制电路）	RL1-15/2	螺旋式，AC380/400V，熔管 15A，熔体 2A	2
4	交流接触器	CJ20-25	AC380V，主触点额定电流 25A	2
5	热继电器	JR20-25	热元件号 2T，整定电流范围 11.6～14.3～17A	1
6	复合按钮	LA4-2H	具有 2 对常开触点、2 对常闭触点，额定电流 5A	1
7	二极管	2CZ30	15A/600V	1
8	限流电阻		2Ω/150W	1
9	端子排（主电路）	JX3-25	额定电流 25A	12
10	端子排（控制电路）	JX3-5	额定电流 5A	8
11	导线（主电路）	BVR-6	聚氯乙烯绝缘铜芯软线，6mm²	若干
12	导线（控制电路）	BVR-1.5	聚氯乙烯绝缘铜芯软线，1.5mm²	若干

5）检查元器件

（1）用万用表或目视检查元器件的数量和质量。

（2）测量接触器线圈阻抗，为检测控制电路接线是否正确做准备。

6）固定控制设备并完成接线

根据电气元件布置图固定控制设备，根据电气安装接线图完成接线。

（1）注意事项：时间继电器的整定时间不宜过长，以免长时间通入直流电源而使定子绕组发热。

（2）工艺要求：

① 布线通道尽可能少，导线长度尽可能短，导线数量尽可能少。

② 同路并行导线按主电路、控制电路分类集中，单层密排，紧贴安装面布线。

③ 同一平面的导线应高低一致或前后一致，走线合理，不能交叉或架空。

④ 对螺栓式接点，导线按顺时针方向弯圈；对压片式接点，导线可直接插入压紧；不能压绝缘层，也不能露铜过长。

⑤ 布线应横平竖直，分布均匀，变换走向时应垂直。

⑥ 严禁损坏导线绝缘和线芯。

⑦ 一个接线端子上的连接导线不宜多于两根。

⑧ 进出线应合理汇集在端子排上。

7）检查测量

（1）电源电压。用万用表测量电源电压是否正常。

（2）主电路。断开电源进线开关 QF，用手动按下接触器衔铁代替接触器通电吸合，检查主电路连接是否正确，是否有短路、开路点。

（3）控制电路。

① 移去控制回路熔断器 FU2，将万用表表笔搭接在 FU2 的 0、1 端，读数应为∞。

② 按下起动按钮 SB2，或者手动压下 KM1 衔铁，读数均应为接触器 KM1 线圈的阻值。

③ 按下停止按钮 SB1，或者手动压下 KM2 的衔铁，读数均应为 KM2 和 KT 线圈的并联值。

8）通电试车

安上控制回路熔断器 FU2，合上电源进线开关 QF，按下起动按钮 SB2，接触器 KM1 应动作并能自保持，电动机起动；用力按下停止按钮 SB1，KM1 应断电，同时 KM2、KT 得电并自锁进行能耗制动，电动机停止后，KT 延时时间到，其延时打开的常闭触点动作，使 KM2、KT 相继断电，制动过程结束。

 问题思考

1. 试分析图 5-24 所示的笼型异步电动机可逆运行反接制动控制线路反向起动和制动的工作过程。

2. 试分析图 5-27 所示的按速度原则控制的可逆运行能耗制动控制线路反向起动和制动的工作过程。

任务 5.5 三相异步电动机调速控制线路的安装与检修

 任务描述

生产车间新上一套生产设备，由一台三相笼型异步电动机拖动。该电动机的铭牌数据如

表 5-6 所示。

表 5-6　YD160M-8/4 型三相笼型异步电动机的铭牌数据

项目	数据	项目	数据	项目	数据
型号	YD160M-8/4	额定功率	5/7.5kW	额定频率	50Hz
额定电压	380V	额定电流	13.9/15.2A	防护等级	IP44
绝缘等级	B	额定转速	970/1450r/min	接　法	△/YY
工作制	SI（连续工作制）	出品编号	×××	制造厂	×××

　　根据生产设备的具体工作情况，要求该电动机应能实现单向直接起动、连续运行，具有短路保护、过载保护、欠（失）电压保护功能，能远距离频繁操作，并能手动切换转速。

　　试完成该电动机控制线路的正确装接。

 知识准备

5.5.1　双速电动机自动控制

　　双速电动机自动控制线路如图 5-29 所示。

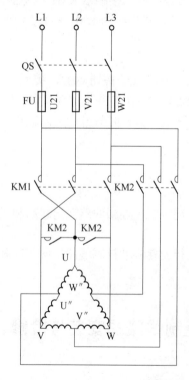
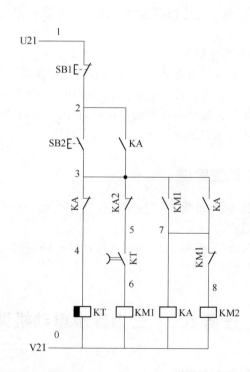

图 5-29　双速电动机自动控制线路

1. 低速运转

按下 SB2→时间继电器 KT 线圈通电→KT(5-6)瞬时闭合→接触器 KM1 线圈通电→KM1 所有触点动作：

KM1 主触点闭合→电动机定子绕组接成三角形低速起动运转。

KM1（7-8）断开→互锁。

KM1（3-7）闭合→中间继电器 KA 线圈通电→KA 所有触点动作：

KA（2-3）闭合→自锁。

KA（3-7）闭合（自锁）→为 KM2 线圈通电做准备。

KA（3-4）断开→KT 线圈断电→开始延时→2. 。

2. 高速运转

延时结束→KT（5-6）断开→KM1 线圈断电→KM1 所有触点复位：

KM1 主触点断开。

KM1（3-7）断开。

KM1（7-8）闭合→接触器 KM2 线圈通电→KM2 所有触点动作：

KM2 主触点闭合→电动机定子绕组接成双星形高速运转。

KM2（3-5）断开→互锁。

5.5.2 双速电动机手动控制

按钮切换的双速电动机控制线路如图 5-30 所示。

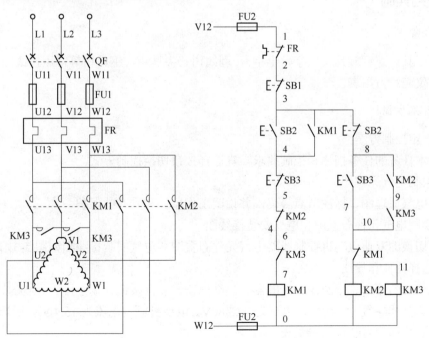

图 5-30 按钮切换的双速电动机控制线路

1. 低速运转

按下低速起动按钮 SB2→SB2 的所有触点动作：

SB2 常闭触点先断开→互锁。

SB2 常开触点后闭合→按触器 KM1 线圈通电→KM1 所有触点动作：

KM1 主触点闭合→电动机定子绕组接成三角形低速起动运转。

KM1（10-11）断开→互锁。

KM1（3-4）闭合→自锁。

2. 高速运转

按下高速运转按钮 SB3→SB3 的所有触点动作：

SB3 常闭触点先断开→KM1 线圈断电→KM1 所有触点复位：

KM1 主触点断开。

KM1（3-4）断开→解除自锁。

KM1（10-11）闭合→为 KM2、KM3 线圈通电做准备。

SB3 常开触点后闭合→KM2、KM3 线圈同时通电→KM2、KM3 所有触点动作：

KM2、KM3 主触点闭合→电动机定子绕组接成双星形高速运转。

KM2（5-6）、KM3（6-7）断开→互锁。

KM2（8-9）、KM3（9-10）闭合→自锁。

 任务实施

1. 准备

（1）工具：螺钉旋具（一字、十字）、剥线钳、尖嘴钳、钢丝钳等常用接线工具。

（2）仪表：万用表

2. 实施步骤

1）确定控制方案

根据本任务的任务描述和控制要求，宜选择按钮切换控制方式。

2）绘制电气原理图

绘制电气原理图、标注节点号码，并说明工作原理和具有的保护。

3）绘制电气元件布置图和电气安装接线图

按钮切换的双速电动机控制线路电气元件布置图和电气安装接线图如图 5-31 所示。

4）选择器件和导线

根据低压断路器、熔断器、接触器、热继电器、复合按钮、端子排、导线的选择原则，结合本任务具体参数（线路额定电压为 AC380V、电动机额定电流为 15.4A），所选本任务所需器件、导线的型号和数量参见表 5-7。

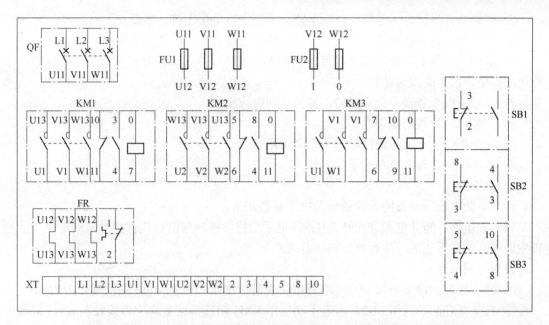

图 5-31　按钮切换的双速电动机控制线路电气元件布置图和电气安装接线图

表 5-7　器材参考表

序号	名称	型号	主要技术数据	数量
1	低压断路器	DZ5-50/300	塑壳式，AC380V，50A，3 极，无脱扣器	1
2	熔断器（主电路）	RL1-60/40	螺旋式，AC380/400V，熔管 60A，熔体 40A	3
3	熔断器（控制电路）	RL1-15/2	螺旋式，AC380/400V，熔管 15A，熔体 2A	2
4	交流接触器	CJ20-25	AC380V，主触点额定电流 25A	3
5	热继电器	JR20-25	热元件号 2T，整定电流范围 11.6～14.3～17A	1
6	复合按钮	LA4-3H	具有 3 对常开触点、3 对常闭触点，额定电流 5A	1
7	端子排（主电路）	JX3-25	额定电流 25A	12
8	端子排（控制电路）	JX3-5	额定电流 5A	8
9	导线（主电路）	BVR-6	聚氯乙烯绝缘铜芯软线，6mm²	若干
10	导线（控制电路）	BVR-1.5	聚氯乙烯绝缘铜芯软线，1.5mm²	若干

5）检查元器件

（1）用万用表或目视检查元器件的数量和质量。

（2）测量接触器线圈阻抗，为检测控制电路接线是否正确做准备。

6）固定控制设备并完成接线

根据电气元件布置图固定控制设备，根据电气安装接线图完成接线。

（1）注意事项：注意 KM1、KM2 在两种转速下电源相序的改变，以防高速和低速时的旋转方向相反。

（2）工艺要求：

① 布线通道尽可能少，导线长度尽可能短，导线数量尽可能少。

② 同路并行导线按主电路、控制电路分类集中，单层密排，紧贴安装面布线。

③ 同一平面的导线应高低一致或前后一致，走线合理，不能交叉或架空。

④ 对螺栓式接点，导线按顺时针方向弯圈；对压片式接点，导线可直接插入压紧；不能压绝缘层，也不能露铜过长。

⑤ 布线应横平竖直，分布均匀，变换走向时应垂直。

⑥ 严禁损坏导线绝缘和线芯。

⑦ 一个接线端子上的连接导线不宜多于两根。

⑧ 进出线应合理汇集在端子排上。

7）检查测量

（1）电源电压。用万用表测量电源电压是否正常。

（2）主电路。断开电源进线开关 QF，用手动按下接触器衔铁代替接触器通电吸合，检查主电路连接是否正确，是否有短路、开路点。

（3）控制电路。

① 移去控制回路熔断器 FU2，将万用表表笔搭接在 FU2 的 0、1 端，读数应为∞。

② 按下低速起动按钮 SB2，或者手动压下 KM1 衔铁，读数均应为接触器 KM1 线圈的阻值；此时压下 KM2 或 KM3 的衔铁，读数均应为∞。

③ 按下高速起动按钮 SB3，或者同时压下 KM2 和 KM3 的衔铁，读数均应为 KM2 和 KM3 线圈的并联值；此时压下 KM1 的衔铁，读数均应为∞。

④ 在按下起动按钮 SB2（SB3），或者手动压下 KM1（KM2、KM3）衔铁的同时，按下停止按钮 SB1，或者断开热继电器 FR 的常闭触点，读数均应为∞。

8）通电试车

安上控制回路熔断器 FU2，合上电源进线开关 QF，按下低速起动按钮 SB2，接触器 KM1 应动作并能自保持，电动机低速起动；按高速起动按钮 SB3，KM1 应断电，同时 KM2、KM3 得电并自锁，电动机高速运行；按下停止按钮 SB1，接触器 KM2、KM3 应断电，电动机断电惯性停止。

 问题思考

1. 双速电动机在高低速变换时为什么要改变定子绕组的相序？

2. 双速电动机能否高速直接起动？为什么？

项目 6　典型机床控制线路的装调与检修

任务 6.1　CA6140 型车床电气电路的故障检修

 任务描述

现有一台出现故障的 CA6140 型车床，要求维修电工在规定时间内排除故障。

 知识准备

6.1.1　机床电气原理图的识读方法

掌握机床电气原理图的识读方法，对于分析电气电路、排除机床电路故障是十分有意义的。机床电气原理图一般由主电路、控制电路、辅助电路等几部分组成，识读方法如下：

1. 阅读相关的技术资料

在识读机床电气原理图前，应阅读相关的技术资料，对设备有一个总体的了解。阅读的主要内容如下：

（1）设备的基本结构、运动形式、工艺要求和操作方法。

（2）设备机械、液压系统的基本结构、原理，以及与电气控制系统的关系。

（3）相关电器的安装位置和在控制电路中的作用。

（4）设备对电力拖动的要求、对电气控制和保护的要求。

2. 识读主电路

主电路是全图的基础，电气原理图主电路的识读一般按照以下四个步骤进行：

（1）看电路及设备的供电电源。

（2）分析主电路共有几台电动机，并了解各台电动机的作用。

（3）分析各台电动机的工作状况及其制约关系。

（4）了解电动机经过哪些控制电器到达电源，与这些器件有关联的部分各处在图上哪个区域，各台电动机相关的保护电器有哪些。

3. 识读控制电路

控制电路是全图的重点，在分析时要结合主电路的控制要求，利用前面介绍过的基础知识，将控制电路划分为若干个单元，按以下三个步骤进行分析：

（1）弄清控制电路的电源电压。电动机台数较少、控制线路简单的设备，其控制电路的电源电压常采用 AC380V；电动机台数较多、控制线路复杂的设备，其控制电路的电源电压常采用 AC220V、AC127V、AC110V 等，这些控制电压可由控制变压器提供。

（2）按布局顺序从左到右依次看懂每条控制支路是如何控制主电路的。

（3）结合主电路有关元器件对控制电路的要求，分析出控制电路的动作过程。

4. 识读辅助电路

辅助电路部分相对简单和独立，主要包括检测电路、信号指示电路、照明电路等环节。

5. 联锁与保护环节

为了满足生产机械对安全性、可靠性的要求，在控制电路中还设置了一系列的电气保护和联锁。在识读机床电气原理图过程中，要结合主电路和控制电路的控制要求进行分析。

6.1.2　CA6140 型车床的主要结构、运动形式及控制要求

CA6140 型车床是一种应用极为广泛的金属切削通用机床，能够车削外圆、内圆、端面和螺纹，也可以用钻头或铰刀进行钻孔或铰孔。其型号 CA6140 的含义如下：C——车床，A——改进型，6——组代号（即落地式），1——系代号（即卧式车床系），40——最大车削直径为 400mm。

1. 主要结构

CA6140 型车床的结构示意图如图 6-1 所示。

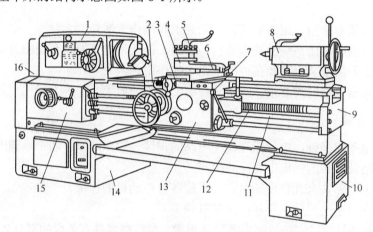

图 6-1　CA6140 型车床的结构示意图

1—主轴箱；2—纵溜板；3—横溜板；4—转盘；5—方刀架；6—小溜板；7—操纵手柄；8—尾座；9—床身；
10—右床座；11—光杆；12—丝杠；13—溜板箱；14—左床座；15—进给箱；16—交换齿轮架

2．运动形式

（1）主运动：工件的旋转运动，由主轴通过卡盘带动工件旋转。

（2）进给运动：溜板带动刀架的纵向或横向直线运动，分手动和电动两种。

（3）辅助运动：刀架的快速移动、尾座的移动、工件的夹紧与放松等。

3．控制要求

（1）主轴电动机一般选用三相交流笼型异步电动机，为了保证主运动与进给运动之间严格的比例关系，由一台电动机采用齿轮箱进行机械有级调速来拖动。

（2）车床在车削螺纹时，主轴通过机械方法实现正、反转。

（3）主轴电动机的起动、停止采用按钮操作。

（4）刀架快速移动由单独的快速移动电动机拖动，采用点动控制。

（5）车削加工时，由于刀具及工件温度过高，有时需要冷却，故配有冷却泵电动机。在主轴起动后，根据需要决定冷却泵电动机是否工作。

（6）具有必要的过载、短路、欠电压、失电压、安全保护。

（7）具有电源指示和安全的局部照明装置。

6.1.3　CA6140 型车床电气原理图分析

CA6140 型车床的电气原理图如图 6-2 所示。

1．主电路

电源由总开关 QF 控制，熔断器 FU 作主电路短路保护，熔断器 FU1 作功率较小的两台电动机的短路保护。主电路共有三台电动机：主轴电动机、冷却泵电动机和刀架快速移动电动机。

（1）主轴电动机 M1：由交流接触器 KM 控制，热继电器 FR1 作过载保护。

（2）冷却泵电动机 M2：由中间继电器 KA1 控制，热继电器 FR2 作过载保护。

（3）刀架快速移动电动机 M3：由中间继电器 KA2 控制，因其为短时工作状态，热继电器来不及反映其过载电流，故不设过载保护。

2．控制电路

由控制变压器 TC 的二次侧输出 AC110V 电压，作为控制电路的电源。

1）机床电源的引入

合上配电箱门（使装于配电箱门后的 SQ2 常闭触点断开）、插入钥匙将开关旋至"接通"位置（使 SB 常闭触点断开），跳闸线圈 QF 无法通电，此时方能合上电源总开关 QF。

为保证人身安全，必须将传动带罩合上（装于主轴传动带罩后的位置开关 SQ1 常开触点闭合），才能起动电动机。

机床电气控制技术项目化教程

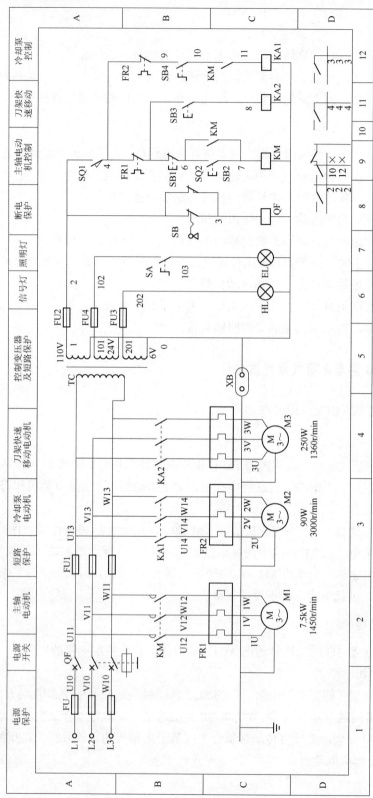

图 6-2 CA6140 型车床的电气原理图

146

2）主轴电动机 M1 的控制

（1）M1 启动：按下 SB2，KM 线圈得电，3 个位于 2 区的 KM 主触点闭合，M1 起动运转；同时位于 10 区的 KM 常开触点闭合（自锁）、位于 12 区的 KM 常开触点闭合（顺序起动，为 KA1 得电做准备）。

（2）M1 停止：按下 SB1，KM 线圈断电，KM 所有触点复位，M1 断电惯性停止。

3）冷却泵电动机 M2 的控制

（1）M2 起动：当主轴电动机 M1 起动（位于 12 区的 KM 常开触点闭合）后，转动 SB4 至闭合，中间继电器 KA1 线圈得电，3 个位于 3 区的 KA1 触点闭合，冷却泵电动机 M2 起动。

（2）M2 停止：当主轴电动机 M1 停止，或转动 SB4 至断开，中间继电器 KA1 线圈断电，KA1 所有触点复位，冷却泵电动机 M2 断电。

显然，冷却泵电动机 M2 与主轴电动机 M1 采用顺序控制。只有当 M1 起动后，M2 才能起动；M1 停止后，M2 自动停止。

4）快速移动电动机 M3 的控制

刀架移动方向（前、后、左、右）的改变是由进给操作手柄配合机械装置实现的。

（1）M3 起动：按住 SB3，中间继电器 KA2 线圈通电，3 个位于 4 区的 KA2 触点闭合，M3 起动。

（2）M3 停止：松开 SB3，中间继电器 KA2 线圈断电，KA2 所有触点复位，M3 停止。

显然，这是一个点动控制。

3．辅助电路

为保证安全、节约电能，控制变压器 TC 的二次侧输出 AC24V 和 AC6V 电压，分别作为机床照明灯和信号灯的电源。

（1）指示电路：合上电源总开关 QF，信号灯 HL 亮；断开电源总开关 QF，信号灯 HL 灭。

（2）照明电路：将转换开关 SA 旋至接通位置，照明灯 EL 亮；将转换开关 SA 旋至断开位置，照明灯 EL 灭。

4．保护环节

（1）短路保护：由 FU、FU1、FU2、FU3、FU4 分别实现对全电路、M2/M3/TC 一次侧、控制回路、信号回路、照明回路的短路保护。

（2）过载保护：由 FR1、FR2 分别实现对主轴电动机 M1、冷却泵电动机 M2 的过载保护。

（3）欠、失电压保护：由接触器 KM、中间继电器 KA1、KA2 实现。

（4）安全保护：由行程开关 SQ1、SQ2 实现。

6.1.4　CA6140 型车床电气电路典型故障的分析与检修

1．电源故障

1）电源总开关故障

（1）故障描述：现有一台 CA6140 型车床，欲进行车削加工，但电源总开关 QF 合不上。

（2）故障分析：CA6140 型车床的电源开关 QF 采用钥匙开关 SB 作为开锁断电保护、用行程开关 SQ2 作为配电箱门开门断电保护。因此，出现这个故障时，应首先检查钥匙开关 SB 和行程开关 SQ2。

（3）故障检修：

① 钥匙开关 SB 触点应断开，否则应检查钥匙开关 SB 的位置，维修或更换钥匙开关。

② 配电箱门行程开关 SQ2 应断开，否则应检查配电箱门位置，维修或更换行程开关。

2）"全无"故障

（1）故障描述：现有一台 CA6140 型车床，合上电源总开关 QF 后，信号灯、照明灯、机床电动机都不工作，控制电动机的接触器、继电器等均无动作和声响。

（2）故障分析：由于 FU2、FU3、FU4 同时熔断的可能性极小，故应首先检查三相交流电源。

（3）故障检修：依次测量 U10-V10-W10、U11-V11-W11、U13-V13-W13 任意两相之间的电压。

① 若指示值不是 380V，则故障在其上级元件（如测量 U13-V13-W13 之间的电压指示值不是 380V，则故障在熔断器 FU1），应紧固连接导线端子，检修或更换元件。

② 若指示值均为 380V，则故障在控制变压器 TC 或熔断器 FU2、FU3、FU4，应紧固连接导线端子，检修或更换元件。

2. 主轴电动机电路故障

1）主轴电动机 M1 不能起动

（1）故障描述：现有一台 CA6140 型车床，在准备加工时发现主轴不能起动，但刀架快速移动电动机、冷却泵电动机、信号灯、照明灯工作正常。

（2）故障分析：由于刀架快速移动电动机、冷却泵电动机、信号灯、照明灯工作正常，故只需检查主轴电动机 M1 的主电路和控制电路。

（3）故障检修：断开电动机进线端子，合上断路器 QF，按下起动按钮 SB2。

① 若接触器 KM 吸合，则应依次检查 U12-V12-W12、1U-1V-1W 之间的电压：若指示值均为 380V，则故障在电动机，应检修或更换；若指示值不是 380V，则故障在其上级元件，应紧固连接导线端子，检修或更换元件。

② 若接触器 KM 不吸合，则应依次进行检查：停止按钮 SB1 应闭合，起动按钮 SB2 应能闭合，接触器 KM 线圈应完好，所有连接导线端子应紧固，否则应维修或更换同型号元件，紧固连接导线端子。

2）主轴电动机 M1 起动后不能自锁

（1）故障描述：现有一台 CA6140 型车床，在准备加工时发现按下主轴起动按钮 SB2，主轴电动机起动；松开主轴起动按钮 SB2，主轴电动机停止。

（2）故障分析：出现这个故障的唯一可能是自锁回路断路。

（3）故障检修：

① 检查接触器 KM 自锁触点的接触情况，若接触不良，应维修或更换。

② 检查接触器 KM 自锁触点上两根导线的连接情况，若松脱，应紧固。

3）主轴电动机 M1 不能停车

（1）故障描述：现有一台 CA6140 型车床，加工过程中发现按下主轴停止按钮 SB1，主轴电动机不能停止。

（2）故障分析：出现这个故障的唯一可能是接触器 KM 主触点没有断开。

（3）故障检修：断开断路器 QF，观察接触器 KM 的动作情况。

① 若接触器 KM 立即释放，则故障为 SB1 触点直通或导线短接，应维修或更换 SB1。

② 若接触器 KM 缓慢释放，则故障为铁心表面粘有污垢，应维修。

③ 接触器 KM 不释放，则故障为主触点熔焊，应维修或更换。

4）主轴电动机 M1 在运行中突然停车

（1）故障描述：现有一台 CA6140 型车床，在加工过程中主轴电动机突然自行停车。

（2）故障分析：出现这个故障的最大可能是电源断电或电动机过载。

（3）故障检修：

① 检查电源电压是否丢失，若电源断电，应尝试恢复供电。

② 检查热继电器 FR1 是否动作，若热继电器 FR1 动作，应查明原因（三相电源电压不平衡、电源电压较长时间过低、负载过重），排除故障后才能使其复位。

3. 刀架快速移动电动机电路故障

（1）故障描述：现有一台 CA6140 型车床，在车削加工时，刀架不能快速移动，但主轴电动机、冷却泵电动机、信号灯、照明灯工作正常。

（2）故障分析：由于主轴电动机、冷却泵电动机、信号灯、照明灯工作正常，故只需检查刀架快速移动电动机 M3 的主电路和控制电路。

（3）故障检修：断开电动机进线端子，合上断路器 QF，按下起动按钮 SB3。

① 若中间继电器 KA2 吸合，则应检查 3U-3V-3W 之间的电压：若指示值为 380V，则故障在电动机，应检修或更换；若指示值不是 380V，则故障在 KA2，应紧固连接导线端子，检修或更换元件。

② 若中间继电器 KA2 不吸合，则应依次进行检查：按钮 SB3 应闭合，中间继电器 KA2 线圈应完好，所有连接导线端子应紧固，否则应维修或更换同型号元件，紧固连接导线端子。

4. 冷却泵电动机电路故障

（1）故障描述：现有一台 CA6140 型车床，在车削加工时，冷却泵电动机不能工作，但主轴电动机、刀架快速移动、信号灯、照明灯工作正常。

（2）故障分析：由于主轴电动机、刀架快速移动电动机、信号灯、照明灯工作正常，故只需检查冷却泵电动机 M2 的主电路和控制电路。

（3）故障检修：断开电动机进线端子，合上断路器 QF，起动主轴电动机，转动 SB4 至闭合。

① 若中间继电器 KA1 吸合，则应依次检查 U14-V14-W14、2U-2V-2W 之间的电压：若指示值均为 380V，则故障在电动机，应检修或更换；若指示值不是 380V，则故障在其上级元件，应紧固连接导线端子，检修或更换元件。

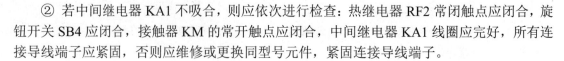

② 若中间继电器 KA1 不吸合，则应依次进行检查：热继电器 RF2 常闭触点应闭合，旋钮开关 SB4 应闭合，接触器 KM 的常开触点应闭合，中间继电器 KA1 线圈应完好，所有连接导线端子应紧固，否则应维修或更换同型号元件，紧固连接导线端子。

5. 照明电路故障

（1）故障描述：现有一台 CA6140 型车床，在车削加工时，照明灯突然熄灭，但主轴电动机、冷却泵电动机、刀架快速移动电动机、信号灯工作正常。

（2）故障分析：该故障相对简单，只需检查照明回路即可。

（3）故障检修：依次进行检查，电源电压应为 24V，熔断器 FU4 应完好，转换开关 SA 应闭合，照明灯 EL 应完好，所有连接导线端子应紧固，否则应维修或更换同型号元件，紧固连接导线端子。

 任务实施

1. 准备

（1）工具：螺钉旋具（一字、十字）、剥线钳、尖嘴钳、钢丝钳等常用电工工具（每人一套）。

（2）仪表：万用表、绝缘电阻表、钳形电流表（每人各一块）。

（3）器材：CA6140 型车床或 CA6140 型车床模拟电气控制柜。

2. 实施步骤

（1）说明该机床的主要结构、运动形式及控制要求。

（2）说明该机床的工作原理。

（3）说明该机床电气元件的分布位置和走线情况。

（4）人为设置多个故障，使学生根据故障现象，在规定的时间内按照正确的检测步骤诊断、排除其中的两个故障。

 知识拓展

机床电气控制电路故障诊断的步骤和常用方法

1. 电气控制电路故障诊断的步骤和注意事项

1）故障调查

（1）问：询问机床操作人员，故障发生前后的情况如何，这有利于根据电气设备的工作原理来判断发生故障的部位，分析出故障原因。

（2）看：观察熔断器内的熔体是否熔断；其他电气元件是否烧毁、发热、断线；导线连接螺钉是否松动；触点是否氧化、积尘等。要特别注意高电压、大电流的地方，活动机会多的部位，容易受潮的接插件等。

（3）听：电动机、变压器、接触器等正常运行时的声音和发生故障时的声音是有区别的，听声音可以帮助寻找故障的范围、部位。

（4）闻：辨别有无异味，如绝缘烧毁会产生焦糊味等。

（5）摸：电动机、电磁线圈、变压器等发生故障时，温度会显著上升，可切断电源后用手去触摸，判断元件是否正常。

注意：不论电路通电或断电，要特别注意不能用手直接去触摸金属触点，必须借助仪表来测量。

2）电路分析

根据故障现象和调查结果，结合该电气设备的电气原理图，初步判断出故障产生的部位，然后逐步缩小故障范围，直至找到故障点并加以消除。

无电气原理图时，首先查清不动作的电动机的工作电路。在不通电的情况下，以该电动机的接线盒为起点开始查找，顺着电源线找到相应的控制接触器。然后，以此接触器为核心，一路从主触点开始，继续查到三相电源，查清主电路；另一路从接触器线圈的两个接线端子开始向外延伸，弄清控制电路的来龙去脉。必要的时候边查找边画出草图。若需拆卸，则要记录拆卸的顺序、电器的结构等，再采取排除故障的措施。

分析故障时应有针对性，如接地故障一般先考虑电气柜外的电气装置，后考虑电气柜内的电气元件；断路和短路故障，应先考虑动作频繁的元件，后考虑其余元件。

3）断电检查

检查前先断开机床总电源，然后根据故障可能产生的部位，逐步找出故障点。检查时应先检查电源线进线处有无碰伤而引起的电源接地、短路等现象，螺旋式熔断器的熔断指示器是否跳出，热继电器是否动作；然后检查电气外部有无损坏，连接导线有无断路、松动，绝缘有否过热或烧焦。

4）通电检查

做断电检查仍未找到故障时，可对电气设备做通电检查。

在通电检查时要尽量使电动机和其所传动的机械部分脱开，将控制器和转换开关置于零位，行程开关还原到正常位置。然后用万用表检查电源电压是否正常，有否断相或三相严重不平衡。最后进行通电检查，检查的顺序如下：先检查控制电路，后检查主电路；先检查辅助系统，后检查主传动系统；先检查交流系统，后检查直流系统；合上开关，观察各电气元件是否按要求动作，有否冒火、冒烟、熔断器熔断的现象，直至查到发生故障的部位。

5）在检修机床电气故障时应注意的问题

（1）检修前应将机床清理干净。

（2）将机床电源断开。

（3）若电动机不能转动，要从电动机有无通电、控制电动机的接触器是否吸合入手，绝不能立即拆修电动机。通电检查时一定要先排除短路故障，在确认无短路故障后方可通电，否则会造成更大的事故。

（4）当需要更换熔断器的熔体时，新熔体必须与原熔体型号相同，不得随意扩大容量，以免造成更大的事故或留下更大的后患。熔体的熔断说明电路存在较大的冲击电流，如短路、严重过载、电压波动很大等。

（5）热继电器的动作、烧毁，也要求先查明过载原因，否则故障会重现。修复后一定要按技术要求重新整定保护值，并要进行可靠性试验，以免失控。

（6）用万用表电阻挡测量触点、导线通断时，量程应置于"×1Ω"挡。

（7）如果要用绝缘电阻表检测电路的绝缘电阻，则应断开被测支路与其他支路的联系，以免影响测量结果。

（8）在拆卸元器件时，特别是对不熟悉的机床，一定要仔细观察，理清控制电路，及时做好记录、标号，以便复原。

（9）试车前先检测电路是否存在短路现象，注意人身及设备安全。

（10）机床故障排除后，一切均要复原。

2. 检查故障的常用方法

1）电压测量法

电压测量法是利用万用表的电压挡，通过测量机床电气电路上某两点间的电压值来判断故障点的范围或故障元器件的方法。

（1）电压分阶测量法。电压分阶测量法如图 6-3 所示。

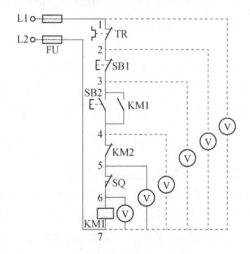

图 6-3　电压分阶测量法

检查时选择万用表的交流电压 500V 挡。首先用万用表测量 7、1 两点间的电压，若电压为 380V，则说明控制电路的电源正常。然后按住起动按钮 SB2 不放，同时将黑表笔接到点 7 上，红表笔依次接到 2、3、4、5、6 各点上，依次测量 7-2、7-3、7-4、7-5、7-6 两点间的电压，各阶的电压值均应为 380V。若测得某两点（如 7-5 点）之间无电压，说明点 5 以前的触点或接线有断路故障，一般是点 5 后第一个触点（KM2）接触不良或连接线断路。这种测量方法如台阶一样依次测量电压，所以称为电压分阶测量法。电压分阶测量法查找故障原因如表 6-1 所示。

表 6-1 电压分阶测量法查找故障原因

故障现象	测试状态	分阶电压/V					故障原因
		7-2	7-3	7-4	7-5	7-6	
按下 SB2，KM1 不吸合	按住 SB2 不放	0	0	0	0	0	FR 常闭触点接触不良或连线断路
		380	0	0	0	0	SB1 常闭触点接触不良或连线断路
		380	380	0	0	0	SB2 常开触点接触不良或连线断路
		380	380	380	0	0	KM2 常闭触点接触不良或连线断路
		380	380	380	380	0	SQ 常闭触点接触不良或连线断路
		380	380	380	380	380	KM1 线圈断路或连线断路

（2）电压分段测量法。电压分段测量法如图 6-4 所示。

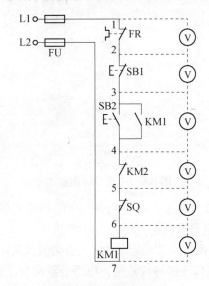

图 6-4 电压分段测量法

检查时选择万用表的交流电压 500V 挡。首先用万用表测量 1、7 两点间的电压，若电压为 380V，则说明控制电路的电源正常。然后按住起动按钮 SB2 不放，逐段测量相邻两点 1-2、2-3、3-4、4-5、5-6、6-7 间的电压，根据其测量结果即可找出故障原因。电压分段测量法查找故障原因如表 6-2 所示。

表 6-2 电压分段测量法查找故障原因

故障现象	测试状态	分段电压/V						故障原因
		1-2	2-3	3-4	4-5	5-6	6-7	
按下 SB2，KM1 不吸合	按住 SB2 不放	380	0	0	0	0	0	FR 常闭触点接触不良或连线断路
		0	380	0	0	0	0	SB1 常闭触点接触不良或连线断路
		0	0	380	0	0	0	SB2 常开触点接触不良或连线断路
		0	0	0	380	0	0	KM2 常闭触点接触不良或连线断路
		0	0	0	0	380	0	SQ 常闭触点接触不良或连线断路
		0	0	0	0	0	380	KM1 线圈断路或连线断路

2）电阻测量法

电阻测量法是利用万用表的电阻挡，通过测量机床电气电路上某两点间的电阻值来判断故障点的范围或故障元器件的方法。

（1）电阻分阶测量法。电阻分阶测量法如图 6-5 所示。

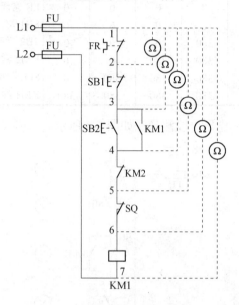

图 6-5　电阻分阶测量法

断开控制电源，按下 SB2 不放松，用万用表的电阻挡先测量 1-7 两点间的电阻，若电阻值为∞，则说明 1-7 之间的电路有断路。然后分阶测量 1-2、1-3、1-4、1-5、1-6、1-7 各点间电阻值。若电路正常，则各两点间的电阻值为 0，当测量到某标号间的电阻值为∞时，则说明表笔刚跨过的触点接触不良或连接导线断路。电阻分阶测量法查找故障原因如表 6-3 所示。

表 6-3　电阻分阶测量法查找故障原因

故障现象	测试状态	分阶电阻/Ω						故障原因
		1-2	1-3	1-4	1-5	1-6	1-7	
按下 SB2，KM1 不吸合	按住 SB2 不放	∞						FR 常闭触点接触不良或连线断路
		0	∞					SB1 常闭触点接触不良或连线断路
		0	0	∞				SB2 常开触点接触不良或连线断路
		0	0	0	∞			KM2 常闭触点接触不良或连线断路
		0	0	0	0	∞		SQ 常闭触点接触不良或连线断路
		0	0	0	0	0	∞	KM1 线圈断路或连线断路

（2）电阻分段测量法。电阻分段测量法如图 6-6 所示。

断开控制电源，按下 SB2 不放松，然后依次逐段测量相邻两标号 1-2、2-3、3-4、4-5、5-6、6-7 点间的电阻。若电路正常，除 6-7 两点间的电阻值为 KM1 线圈电阻外，其余各标号间电阻应为 0。若测得某两点间的电阻为∞，则说明这两点间的触点接触不良或连接导线断路。电阻分段测量法查找故障原因如表 6-4 所示。

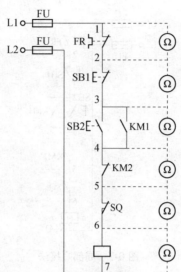

图 6-6　电阻分段测量法

表 6-4　电阻分段测量法查找故障原因

故障现象	测试状态	分段电阻/Ω						故障原因
		1-2	2-3	3-4	4-5	5-6	6-7	
按下 SB2。KM1 不吸合	按住 SB2 不放	∞						FR 常闭触点接触不良或连线断路
		0	∞					SB1 常闭触点接触不良或连线断路
		0	0	∞				SB2 常开触点接触不良或连线断路
		0	0	0	∞			KM2 常闭触点接触不良或连线断路
		0	0	0	0	∞		SQ 常闭触点接触不良或连线断路
		0	0	0	0	0	∞	KM1 线圈断路或连线断路

（3）使用电阻测量法的注意事项：

① 用电阻测量法检查故障时，一定要断开电源。

② 如果被测的电路与其他电路并联，必须将其他电路断开，即断开寄生回路，否则所得的电阻值是不准确的。

③ 测量高电阻值的电气元件时，把万用表的选择开关旋转至适当的电阻挡位。

3）短接法

短接法是指用导线将机床电路中两等电位点短接，以缩小故障范围，从而确定故障范围或故障点的方法。

（1）局部短接法。局部短接法如图 6-7 所示。

检查前先用万用表测量 1-7 两点间的电压，若电压正常，可按下起动按钮不放松，然后用一根绝缘良好的导线，分别短接标号相邻的两点，如短接 1-2、2-3、3-4、4-5、5-6。当短接到某两点时，接触器 KM1 吸合，则说明断路故障就在这两点之间。局部短接法查找故障原因如表 6-6 所示。

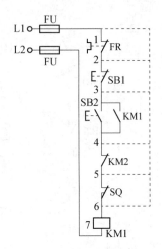

图 6-7 局部短接法

表 6-5 局部短接法查找故障原因

故障现象	短接点	KM1 的动作	故障原因
按下 SB2，KM1 不吸合	1-2	吸合	FR 常闭触点接触不良或连线断路
	2-3	吸合	SB1 常闭触点接触不良或连线断路
	3-4	吸合	SB2 常开触点接触不良或连线断路
	4-5	吸合	KM2 常闭触点接触不良或连线断路
	5-6	吸合	SQ 常闭触点接触不良或连线断路

（2）长短接法。长短接法如图 6-8 所示。

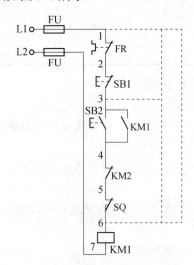

图 6-8 长短接法

当 FR 的常闭触点和 SB1 的常闭触点同时接触不良时，若用上述局部短接法短接 1-2 点，

按下起动按钮 SB2，KM1 仍然不会吸合，此时可能会造成判断错误。

　　长短接法是指一次短接两个或多个触点检查断路故障的方法。检查前先用万用表测量 1-7 两点间的电压，若电压正常，用一根绝缘良好的导线将 1-6 短接，若 KM1 吸合，则说明 1-6 这段电路中有断路故障，然后短接 1-3 和 3-6，若短接 1-3 时 KM1 吸合，则说明故障在 1-3 短范围内，再用局部短接法短接 1-2 和 2-3，就能很快地排除电路的断路故障。

　　长短接法可把故障点缩小到一个较小的范围，长短接法和局部短接法结合使用，可以很快找出故障点。

　　（3）使用短接法的注意事项：

　　① 短接法是用手拿绝缘导线带电操作的，所以一定要注意安全，避免触电事故发生。

　　② 短接法只适用于检查电压等级较低、电流较小的导线和触点之类的断路故障。电压等级较高、电流较大的导线和触点之类的断路故障不能采用短接法。

　　③ 对于机床的某些重要部位，必须在保障电气设备或机械部位不会出现事故的前提下才能使用短接法。

　　4）等效替代法

　　等效替代法是指用完好的、同型号的电气元件替代怀疑可能已经损坏的电气元件来判断故障点的范围或故障元器件的方法。

 问题思考

　　1．CA6140 型车床的主轴电动机因过载而自动停车后，操作者立即按起动按钮，但电动机不能起动，试分析可能的原因。

　　2．CA6140 型车床主轴电动机缺一相运行，会出现什么现象？

任务 6.2　X62W 型铣床电气电路的故障检修

 任务描述

　　现有一台出现故障的 X62W 型铣床，要求维修电工在规定时间内排除故障。

 知识准备

6.2.1　X62W 型铣床的主要结构、运动形式及控制要求

　　X62W 型铣床是一种通用的多用途机床，可用来加工平面、斜面、沟槽；装上分度头后，可以铣削直齿轮和螺旋面；加装回转工作台，可以铣切凸轮和弧形槽。其型号 X62W 的含义如下：X——铣床，6——卧式，2——2 号铣床（用 0、1、2、3 表示工作台面的长与宽），W——万能。

1. 主要结构

X62W 型铣床的结构示意图如图 6-9 所示。

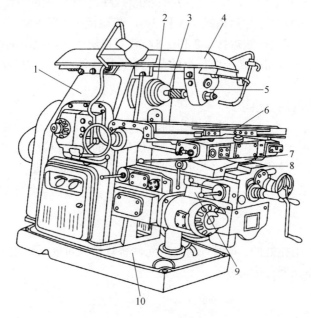

图 6-9　X62W 型铣床的结构示意图

1—床身；2—主轴；3—刀杆；4—悬梁；5—刀杆支架；6—工作台；7—转盘；8—横溜板；9—升降台；10—底座

2. 运动形式

（1）主运动：主轴带动铣刀的旋转运动。

（2）进给运动：工作台带动工件的上下、左右、前后运动和圆形工作台的旋转运动。

（3）辅助运动：工作台带动工件在上下、左右、前后 6 个方向上的快速移动。

3. 控制要求

（1）由于铣床的主运动与进给运动之间没有严格的速度比例关系，因此，主轴的旋转和工作台的进给分别采用单独的笼型异步电动机（M1、M2）拖动；为了对刀具和工件进行冷却，由冷却泵电动机 M3 将切削液输送到机床切削部位。

（2）铣削有顺铣和逆铣两种加工方式，要求主轴电动机能实现正、反转。但因其变换不频繁，并且在加工过程中无须改变旋转方向，故可根据工艺要求和铣刀的种类，在加工前预先选择主轴电动机的旋转方向。

（3）由于铣刀是一种多刃刀具，其铣削过程是断续的，因此为了减小负载波动对铣刀转速的影响，主轴上装有惯性飞轮。然而因其惯性较大，为了提高工作效率，要求主轴电动机采用停车制动控制。

（4）铣床的工作台有 6 个方向（上、下、左、右、前、后）的进给运动和快速移动，由进给电动机 M2 分别拖动 3 根进给丝杆实现，因此要求进给电动机 M2 能实现正、反转控制；进给的快速移动通过电磁离合器和机械挂挡改变传动链的传动比来完成；为扩大加工能力，

工作台上还可加装圆工作台，圆工作台的回转运动由进给电动机 M2 经传动机构驱动。

（5）主轴电动机 M1 与进给电动机 M2 采用机械变速的方法，利用变速盘进行速度选择，通过改变变速箱的传动比实现调速。为保证变速齿轮能很好地啮合，调整变速盘时要求电动机具有瞬时冲动（短时转动）控制。

（6）为避免铣刀与工件碰撞而造成事故，要求在铣刀旋转之后进给运动才能进行，铣刀停止旋转之后进给运动同时停止。

（7）为了方便操作，要求在机床的正面和侧面都能控制主轴电动机 M1 和进给电动机 M2。

（8）为了更换铣刀方便、安全，要求换刀时，一方面将主轴制动，另一方面将控制电路切断，避免发生人身事故。

（9）为了保证安全，要求在铣削加工时，安装在工作台上的工件只能在 3 个坐标的 6 个方向（上下、左右、前后）上向一个方向进给；使用圆工作台时，不允许工件在 3 个坐标的 6 个方向（上下、左右、前后）上有任何进给。

（10）具有必要的过载、短路、欠电压、失电压、安全保护和安全的局部照明。

6.2.2　X62W 型铣床电气原理图分析

X62W 型铣床的电气原理图如图 6-10 所示，各转换开关位置与触点通断情况如表 6-6 所示。

表 6-6　X62W 型铣床各转换开关位置与触点通断情况

主轴换向开关				工作台纵向进给开关			
位置 触点	正转	停止	反转	位置 触点	左	停	右
SA3-1	−	−	＋	SQ5-1	−	−	＋
SA3-2	＋	−	−	SQ5-2	＋	＋	−
SA3-3	＋	−	−	SQ6-1	＋	−	−
SA3-4	−	−	＋	SQ6-2	−	＋	＋
圆工作台控制开关				工作台垂直与横向进给开关			
位置 触点	接通		断开	位置 触点	前、下	停	后、上
SA2-1	−		＋	SQ3-1	＋	−	−
SA2-2	＋		−	SQ3-2	−	＋	＋
SA2-3	−		＋	SQ4-1	−	−	＋
				SQ4-2	＋	＋	−
主轴换刀制动开关							
位置 触点	接通		断开				
SA1-1	＋		−				
SA1-2	−		＋				
注："＋"表示触点接通，"−"表示触点断开。							

机床电气控制技术项目化教程

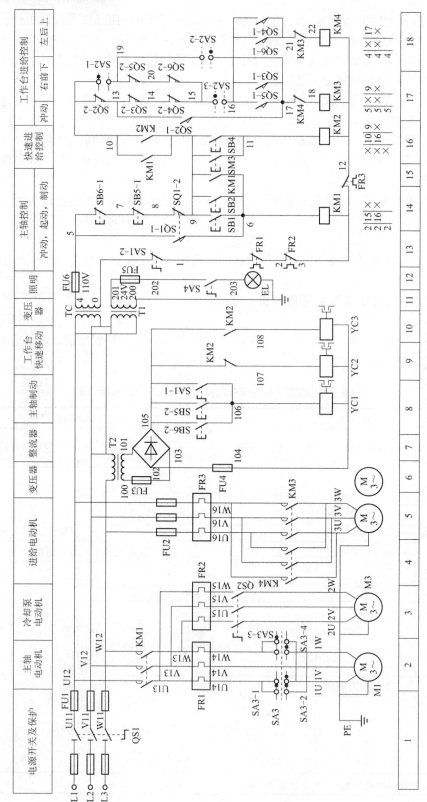

图 6-10　X62W 型铣床的电气原理图

160

1.　主电路

电源由总开关 QS1 控制，熔断器 FU1 作主电路短路保护。主电路共有三台电动机：主轴电动机 M1、冷却泵电动机 M3 和进给电动机 M2。

（1）主轴电动机 M1：由交流接触器 KM1 控制，热继电器 FR1 作过载保护，SA3 作为 M1 的换向开关。

（2）冷却泵电动机 M3：由手动开关 QS2 控制，热继电器 FR2 作过载保护，M1 起动后 M3 才能起动。

（3）进给电动机 M2：由接触器 KM3、KM4 实现正、反转控制，熔断器 FU2 作短路保护，热继电器 FR3 作过载保护。

2.　控制电路

由控制变压器 TC 的二次侧输出 AC110V 电压，作为控制电路的电源。

1）主轴电动机 M1 的控制

为方便操作，主轴电动机的起动、停止及工作台的快速进给控制均采用两地控制方式，一组安装在机床的正面，另一组安装在机床的侧面。

（1）主轴电动机 M1 的起动。主轴电动机起动之前，首先应根据加工工艺要求确定铣削方式（顺铣还是逆铣），然后将换向开关 SA3 扳到所需的转向位置。

按下主轴起动按钮 SB1 或 SB2，接触器 KM1 线圈通电，3 个位于 2 区的 KM1 主触点闭合，M1 起动运转；同时位于 15 区的 KM1 常开触点闭合（自锁）、位于 16 区的 KM1 常开触点闭合（顺序起动）。

（2）主轴电动机 M1 的制动。为了使主轴快速停车，主轴采用电磁离合器制动。

按下停止按钮 SB5 或 SB6，SB5-1 或 SB6-1 使接触器 KM1 线圈断电，KM1 所有触点复位；同时，SB5-2 或 SB6-2 使电磁离合器 YC1 通电吸合，将摩擦片压紧，对主轴电动机进行制动，直到主轴停止转动，才可松开 SB5 或 SB6。

（3）主轴变速冲动。主轴的变速是通过改变齿轮的传动比实现的，由一个变速手柄和一个变速盘来实现，有多级不同转速，既可在停车时变速，也可在主轴旋转时变速。为利于变速后齿轮更好地啮合，设置了必要的"冲动"环节。

变速时，拉出变速手柄，凸轮瞬时压动主轴变速冲动开关 SQ1，SQ1 只是瞬时动作一下随即复位。这样，SQ1-2 断开了 KM1 线圈的通电路径，M1 断电；同时 SQ1-1 瞬时接通一下 KM1 线圈。这时转动变速盘选择需要的速度，再将手柄以较快的速度推回原位。在推回过程中，又一次瞬时压动 SQ1，SQ1-1 又一次短时接通 KM1，对 M1 进行了一次"冲动"，这次"冲动"会使主轴变速后重新起动时齿轮更好地啮合。

（4）主轴换刀控制。在上刀或换刀时，主轴应处于制动状态，并且控制电路应断电，以避免发生事故。

换刀时，将换刀制动开关 SA1 拨至"接通"位置，SA1-1 接通电磁离合器 YC1，对主轴进行制动；同时 SA1-2 断开控制电路，确保换刀时机床没有任何动作。换刀结束后，应将 SA1 扳回"断开"位置。

2）冷却泵电动机 M3 的控制

主轴电动机起动（KM1 主触点闭合）后，扳动组合开关 QS2 可控制冷却泵电动机 M3 的起动与停止。

3）进给电动机 M2 的控制

工作台进给方向有横向（前、后）和垂直（上、下）、纵向（左、右）6 个方向。其中，横向和垂直运动是在主轴起动后，通过操纵十字形手柄（共两套，分别设在机床的正面和侧面）和机械联动机构带动行程开关 SQ3、SQ4，控制进给电动机 M2 正转或反转来实现的；纵向运动是在主轴起动后，通过操纵纵向手柄（共两套，分别设在机床的正面和侧面）和机械联动机构带动行程开关 SQ5、SQ6，控制进给电动机 M2 正转或反转来实现的。此时，电磁离合器 YC2 通电吸合，连接工作台的进给传动链。

工作台的快速进给是点动控制，即使不起动主轴也可进行。此时，电磁离合器 YC3 通电吸合，连接工作台的快速移动传动链。

在正常进给运动控制时，圆工作台控制开关 SA2 应转至"断开"位置。

（1）工作台的横向（前、后）与垂直（上、下）进给运动。控制工作台横向（前、后）与垂直（上、下）进给运动的十字形手柄有上、下、中、前、后五个位置，各位置对应的行程开关 SQ3、SQ4 的触点状态如表 6-6 所示。

向前运动：将十字形手柄扳向"前"，传动机构将电动机传动链和前、后移动丝杠相连，同时压行程开关 SQ3，SQ3-1 闭合，接触器 KM3 线圈通电（通电路径：9→KM1 常开触点 →10→SA2-1→19→SQ5-2→20→SQ6-2→15→SA2-3→16→SQ3-1→17→KM4 常闭触点 →18→KM3 线圈），3 个位于 5 区的 KM3 主触点闭合，M2 正转，拖动工作台向前运动；同时位于 18 区的 KM3 常闭触点断开（互锁）。

向下运动：将十字形手柄扳向"下"，传动机构将电动机传动链和上、下移动丝杠相连，同时压行程开关 SQ3，SQ3-1 闭合，接触器 KM3 线圈通电，3 个位于 5 区的 KM3 主触点闭合，M2 正转，拖动工作台向下运动；同时位于 18 区的 KM3 常闭触点断开（互锁）。

向后运动：将十字形手柄扳向"后"，传动机构将电动机传动链和前、后移动丝杠相连，同时压行程开关 SQ4，SQ4-1 闭合，接触器 KM4 线圈通电（通电路径：9→KM1 常开触点 →10→SA2-1→19→SQ5-2→20→SQ6-2→15→SA2-3→16→SQ4-1→21→KM3 常闭触点 →22→KM4 线圈），3 个位于 4 区的 KM4 主触点闭合，M2 反转，拖动工作台向后运动；同时位于 17 区的 KM4 常闭触点断开（互锁）。

向上运动：将十字形手柄扳向"上"，传动机构将电动机传动链和上、下移动丝杠相连，同时压行程开关 SQ4，SQ4-1 闭合，接触器 KM4 线圈通电，3 个位于 4 区的 KM4 主触点闭合，M2 反转，拖动工作台向上运动；同时位于 17 区的 KM4 常闭触点断开（互锁）。

停止：将十字形手柄扳向中间位置，传动链脱开，行程开关 SQ3（或 SQ4）复位，接触器 KM3（或 KM4）断电，进给电动机 M2 停转，工作台停止运动。

限位保护：工作台的上、下、前、后运动都有极限保护，当工作台运动到极限位置时，撞块撞击十字手柄，使其回到中间位置，实现工作台的终点停车。

（2）工作台的纵向（左、右）进给运动。控制工作台纵向（左、右）进给运动的纵向手柄有左、中、右三个位置，各位置对应的行程开关 SQ5、SQ6 的触点状态如表 6-6 所示。

向右运动：将纵向手柄扳到"右"，传动机构将电动机传动链和左、右移动丝杠相连，同时压行程开关 SQ5，SQ5-1 闭合，接触器 KM3 线圈通电（通电路径：9→KM1 常开触点→10→SQ2-2→13→SQ3-2→14→SQ4-2→15→SA2-3→16→SQ5-1→17→KM4 常闭触点→18→KM3 线圈），3 个位于 5 区的 KM3 主触点闭合，M2 正转，拖动工作台向右运动；同时位于 18 区的 KM3 常闭触点断开（互锁）。

向左运动：将纵向手柄扳到"左"，传动机构将电动机传动链和左、右移动丝杠相连，同时压行程开关 SQ6，SQ6-1 闭合，接触器 KM4 线圈通电（通电路径：9→KM1 常开触点→10→SQ2-2→13→SQ3-2→14→SQ4-2→15→SA2-3→16→SQ6-1→21→KM3 常闭触点→22→KM4 线圈），3 个位于 4 区的 KM4 主触点闭合，M2 反转，拖动工作台向左运动；同时位于 17 区的 KM4 常闭触点断开（互锁）。

停止：将纵向手柄扳向中间位置，传动链脱开，行程开关 SQ5（或 SQ6）复位，接触器 KM3（或 KM4）断电，进给电动机 M2 停转，工作台停止运动。

限位保护：工作台的左右两端安装有限位撞块，当工作台运行到达极限位置时，撞块撞击手柄，使其回到中间位置，实现工作台的终点停车。

（3）进给变速冲动。为使变速时齿轮易于啮合，进给变速也有瞬时冲动环节。

变速时，先将变速手柄外拉，选择相应转速，再把手柄用力向外拉至极限位置并立即推回原位。在手柄拉到极限位置的瞬间，行程开关 SQ2 被短时碰压（SQ2-2 先断开，SQ2-1 后接通），其触点短时动作随即复位，接触器 KM3 瞬时通电（通电路径：10→SA2-1→19→SQ5-2→20→SQ6-2→15→SQ4-2→14→SQ3-2→13→SQ2-1→17→KM4 常闭触点→18→KM3 线圈），进给电动机 M2 瞬时正转随即断电。

可见，只有当圆工作台停用，且纵向、垂直、横向进给都停止时，才能实现进给变速时的瞬时点动，防止了变速时工作台沿进给方向运动的可能。

（4）工作台快速移动。为提高生产效率，当工作台按照选定的速度和方向进给时，按下两地控制点动快速进给按钮 SB3 或 SB4，接触器 KM2 得电吸合，位于 9 区的 KM2 常闭触点断开，使电磁离合器 YC2 断电（断开工作台的进给传动链）；位于 10 区的 KM2 常开触点闭合，使电磁离合器 YC3 通电（连接工作台快速移动传动链），工作台按原方向快速进给；位于 16 区的 KM2 常开触点闭合，在主轴电动机不起动的情况下，也可实现快速进给调整工作。

松开 SB3 或 SB4，KM2 断电释放，快速移动停止，工作台按原方向继续原速运动。

（5）圆工作台的控制。当需要加工凸轮和弧形槽时，可在工作台上加装圆工作台。使用时，先将圆工作台控制开关 SA2 扳到"接通"位置，将纵向手柄和十字形手柄都置于中间位置，按下主轴起动按钮 SB1 或 SB2，接触器 KM1 得电吸合，主轴电动机 M1 起动，此时接触器 KM3 线圈通电（通电路径：10→SQ2-2→13→SQ3-2→14→SQ4-2→15→SQ6-2→20→SQ5-2→19→SA2-2→17→KM4 常闭触点→18→KM3 线圈），进给电动机 M2 正转，带动圆工作台单方向回转，其旋转速度可通过蘑菇形变速手柄进行调节。

3. 辅助电路

为保证安全、节约电能，控制变压器 TC 的二次侧输出 AC24V 电压，作为机床照明灯电源。用开关 SA4 控制，熔断器 FU5 作为短路保护。

4. 保护环节

铣床的运动较多，控制电路较复杂，为安全可靠地工作，除了具有短路、过载、欠电压、失电压保护外，还必须具有必要的联锁。

1）主运动和进给运动的顺序联锁

进给运动的控制电路接在接触器 KM1 自锁触点之后，以确保铣刀旋转之后进给运动才能进行，铣刀停止旋转之后进给运动同时停止，避免工件或刀具的损坏。

2）工作台左、右、上、下、前、后 6 个运动方向间的联锁

机械联锁：工作台的纵向运动由纵向手柄控制，横向和垂直运动由十字手柄控制，手柄本身就是一种联锁装置，在任意时刻只能有一个位置。

电气联锁：行程开关的常闭触点 SQ3-2、SQ4-2 和 SQ5-2、SQ6-2 分别串联后再并联给 KM3、KM4 线圈供电，同时扳动两个手柄离开中间位置，将使接触器线圈 KM3 或 KM4 断电，工作台停止运动，从而实现工作台的纵向与横向、垂直运动间的联锁。

3）圆工作台和工作台间的联锁

圆工作台工作时，转换开关 SA2 在接通位置，SA2-1、SA2-3 切断了工作台的进给控制回路，工作台不能做任何方向的进给运动；同时，圆工作台的控制电路中串联了 SQ3-2、SQ4-2 和 SQ5-2、SQ6-2 常闭触点，扳动任一方向的工作台进给手柄，都将使圆工作台停止转动，实现了圆工作台和工作台间的联锁控制。

6.2.3 X62W 型铣床电气电路典型故障的分析与检修

1. 主轴电动机电路故障

1）主轴电动机 M1 不能起动

（1）故障描述：现有一台 X62W 型铣床，在准备工作时，发现主轴电动机 M1 不能起动，检查发现进给电动机、冷却泵电动机也不能起动，仅照明灯正常。

（2）故障分析：主轴电动机 M1 不能起动的原因较多，应首先确定故障发生在主电路还是控制电路。

（3）故障检修：断开电动机进线端子，合上电源开关 QS1，将换向开关 SA3 扳到正转（或反转）位置，按下起动按钮 SB1（或 SB2）：

① 若接触器 KM 吸合，则应依次检查进线电源 L1-L2-L3、U11-V11-W11、U12-V12-W12、U13-V13-W13、U14-V14-W14、1U-1V-1W 之间的电压：若指示值均为 380V，则故障在电动机，应检修或更换；若指示值不是 380V，则故障在其上级元件，应紧固连接导线端子，检修或更换元件。

② 若接触器 KM 不吸合，则应依次进行检查：控制回路电源电压应为 110V，熔断器 FU6 应完好，停止按钮 SB6-1、SB5-1 应闭合，主轴变速冲动开关 SQ1-2 应闭合，启动按钮 SB1（或 SB2）应能闭合，接触器 KM1 线圈应完好，热继电器 FR1、FR2 常闭触点应闭合，换刀制动开关 SA1-2 应闭合，所有连接导线端子应紧固，否则应维修或更换同型号元件，紧固连接导线端子。

2）主轴停车没有制动

（1）故障描述：现有一台 X62W 型铣床，加工过程中按下 SB5 或 SB6，发现主轴没有停车制动。

（2）故障分析：该故障只与电磁离合器 YC1 及相关电气电路有关。

（3）故障检修：断开 SA3，按下 SB5 或 SB6，仔细听有无电磁离合器 YC1 动作的声音。

① 如果有，则故障为 YC1 动片和静片磨损严重，应更换。

② 如果没有，则应依次进行检查：T2 一次侧电压应为 AC380V，T2 二次侧电压应为 AC36V，FU3 及 FU4 应完好，整流桥输出电压应为 AC32V，SB5-2 及 SB6-2 应能闭合，YC1 线圈应完好，所有连接导线端子应紧固，否则应维修或更换同型号元件，紧固连接导线端子。

3）主轴变速时无"冲动"控制

（1）故障描述：现有一台 X62W 型铣床，加工过程中改变主轴转速时，发现没有"冲动"控制。

（2）故障分析：该故障通常是由于 SQ1 经常受到冲击而损坏或位置变化引起的。

（3）故障检修：

① 检查 SQ1 是否完好，若损坏应维修或更换。

② 检查 SQ1 的位置是否变化，若移位应调整。

2. 冷却泵电动机电路故障

（1）故障描述：现有一台 X62W 型铣床，在铣削加工时，发现冷却泵电动机不能工作，但主轴电动机、进给电动机、照明灯工作正常。

（2）故障分析：由于主轴电动机、进给电动机、照明灯工作正常，故只需检查 M3 的主电路即可。

（3）故障检修：断开电动机进线端子，合上冷却泵开关 QS2，依次检查 U15-V15-W15、2U-2V-2W 之间的电压。

① 若指示值均为 380V，则故障在电动机，应检修或更换。

② 若指示值不是 380V，则故障在其上级元件，应紧固连接导线端子，检修或更换元件。

3. 进给电动机电路故障

1）主轴起动后进给电动机自行转动

（1）故障描述：现有一台 X62W 型铣床，发现主轴起动后进给电动机自行转动，但扳动任一进给手柄工作台都不能进给。

（2）故障分析：当圆工作台控制开关 SA2 置于"接通"位置、纵向手柄和十字手柄在中间位置时，起动主轴，进给电动机便旋转，扳动任一进给手柄，都会使进给电动机停转。

（3）故障检修：将圆工作台控制开关 SA2 置于"断开"位置即可。

2）主轴起动后工作台各个方向都不能进给

（1）故障描述：现有一台 X62W 型铣床，发现主轴工作正常，但工作台各个方向都不能进给。

（2）故障分析：由于主轴工作正常，而工作台各个方向都不能进给，故该故障只与进给电动机及相关电气电路有关。

（3）故障检修：将 SA3 置于"停止"位置，断开进给电动机进线端子，起动主轴，将进给手柄置于 6 个运动方向中任一位置。

① 若接触器 KM3（KM4）吸合，则应依次检查 U16-V16-W16、3U-3V-3W 之间的电压：若指示值均为 380V，则故障在电动机，应检修或更换；若指示值不是 380V，则故障在其上级元件，应紧固连接导线端子，检修或更换元件。

② 若接触器 KM3（KM4）不吸合，则应依次进行检查：KM1（9-10）应能闭合，SA2 应在"断开"位置，FR3 常闭触点应闭合，所有连接导线端子应紧固等，否则应维修或更换同型号元件，紧固连接导线端子。

3）工作台能向前、后、上、下、左进给，但不能向右进给

（1）故障描述：现有一台 X62W 型铣床，铣削加工时发现工作台能向前、后、上、下、左进给，但不能向右进给。

（2）故障分析：该故障通常是由于 SQ5 经常受到冲击而使位置变化或损坏引起的。

（3）故障检修：检查 SQ5 的位置应无变化，SQ5-1 应能闭合，所有连接导线端子应紧固。否则，应维修或更换同型号元件，紧固连接导线端子。

4. 工作台能向前后、上下进给，但不能向左右进给

（1）故障描述：现有一台 X62W 型铣床，铣削加工时发现工作台能向前后、上下进给，但不能向左右进给。

（2）故障分析：该故障多出现在左右进给的公共通道（10→SQ2-2→13→SQ3-2→14→SQ4-2→15）上。

（3）故障检修：依次检查 SQ2、SQ3、SQ4 的位置应无变化，SQ2-2、SQ3-2、SQ4-2 应闭合，所有连接导线端子应紧固。否则，应维修或更换同型号元件，紧固连接导线端子。

 任务实施

1. 准备

（1）工具：螺钉旋具（一字、十字）、剥线钳、尖嘴钳、钢丝钳等常用电工工具（每人一套）。

（2）仪表：万用表、绝缘电阻表、钳形电流表（每人各一块）。

（3）器材：X62W 型铣床或 X62W 型铣床模拟电气控制柜。

2. 实施步骤

（1）说明该机床的主要结构、运动形式及控制要求。

（2）说明该机床的工作原理。

（3）说明该机床电气元件的分布位置和走线情况。

（4）人为设置多个故障，使学生根据故障现象，在规定的时间内按照正确的检测步骤诊断、排除其中的两个故障。

 问题思考

1. 为什么 X62W 型铣床工作台进给运动没有采取制动措施？

2．X62W 型铣床工作台能纵向（左右）进给，但不能横向（前后）和垂直（上下）进给，试分析故障原因。

3．X62W 型铣床电路中有哪些联锁与保护？为什么要设置这些联锁与保护？它们是如何实现的？

任务 6.3　Z3040 型摇臂钻床电气电路的故障检修

任务描述

现有一台出现故障的 Z3040 型摇臂钻床，要求维修电工在规定时间内排除故障。

知识准备

6.3.1　Z3040 型摇臂钻床的主要结构、运动形式及控制要求

钻床是一种用途广泛的万能机床。钻床的结构形式很多，有立式钻床、卧式钻床、深孔钻床及台式钻床等。摇臂钻床是一种立式钻床，在钻床中具有一定的代表性，主要用于对大型零件进行钻孔、扩孔、铰孔和攻螺纹等。其型号 Z3040 的含义如下：Z——钻床，3——摇臂式，0——圆柱形立柱，40——最大钻孔直径为 40mm。

1．主要结构

Z3040 型摇臂钻床的结构示意图如图 6-11 所示。

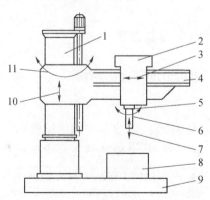

图 6-11　Z3040 型摇臂钻床的结构示意图

1—内外立柱；2—主轴箱；3—主轴箱沿摇臂水平运动；4—摇臂；5—主轴；6—主轴旋转运动；
7—主轴垂直进给；8—工作台；9—底座；10—摇臂升降运动；11—摇臂回转运动

2. 运动形式

（1）主运动：主轴旋转。

（2）进给运动：主轴垂直运动。

（3）辅助运动：内立柱固定在底座上，外立柱套在内立柱外面，外立柱可绕内立柱手动回转一周。摇臂的一端与外立柱滑动配合，借助于丝杆，摇臂可沿外立柱上下移动，但两者不能相对转动，因此，摇臂只与外立柱一起绕内立柱回转。主轴箱安装在摇臂水平导轨上，可手动使其在水平导轨上移动。加工时，由特殊的夹紧装置将主轴箱紧固在摇臂导轨上，外立柱紧固在内立柱上，摇臂紧固在外立柱上。

可见，Z3040 型摇臂钻床的辅助运动有摇臂沿外立柱的垂直运动、主轴箱沿摇臂的水平运动、摇臂与外立柱一起相对内立柱的回转运动。

3. 控制要求

（1）主轴的旋转运动及垂直进给运动都由主轴电动机 M1 驱动。钻削加工时，钻头一面旋转，一面纵向进给，其旋转速度和旋转方向由机械传动部分实现，因此 M1 只要求单方向旋转，不需调速和制动。

（2）摇臂的上升、下降由摇臂升降电动机 M2 拖动，应能实现正、反转，并具有限位保护。

（3）摇臂的夹紧放松、主轴箱的夹紧放松、立柱的夹紧放松由液压泵电动机 M3 配合液压装置自动进行，要求 M3 应能实现正、反转。

（4）冷却泵电动机 M4 用于提供切削液，只要求单方向旋转。

（5）四台电动机的容量均较小，故应采用直接起动方式。

（6）具有必要的过载、短路、欠电压、失电压保护。

（7）具有必要的指示和安全的局部照明。

6.3.2　Z3040 型摇臂钻床电气原理图分析

Z3040 型摇臂钻床的电气原理图如图 6-12 所示。

1. 主电路

电源由总开关 QS 控制，熔断器 FU1 作主电路短路保护。主电路共有 4 台电动机：M1 为主轴电动机，M2 为摇臂升降电动机，M3 为液压泵电动机，M4 为冷却泵电动机。

（1）主轴电动机 M1：由交流接触器 KM1 控制，热继电器 FR1 作过载保护，其正、反转则由机床液压系统操纵机构配合正、反转摩擦离合器实现。

（2）摇臂升降电动机 M2：由接触器 KM2、KM3 实现正、反转控制，熔断器 FU2 作短路保护，因其为短时工作，故不用设长期过载保护。

（3）液压泵电动机 M3：由接触器 KM4、KM5 实现正、反转控制，熔断器 FU2 作短路保护，热继电器 FR2 作长期过载保护。

（4）冷却泵电动机 M4：该电动机容量小（90W），由开关 SA1 直接控制。

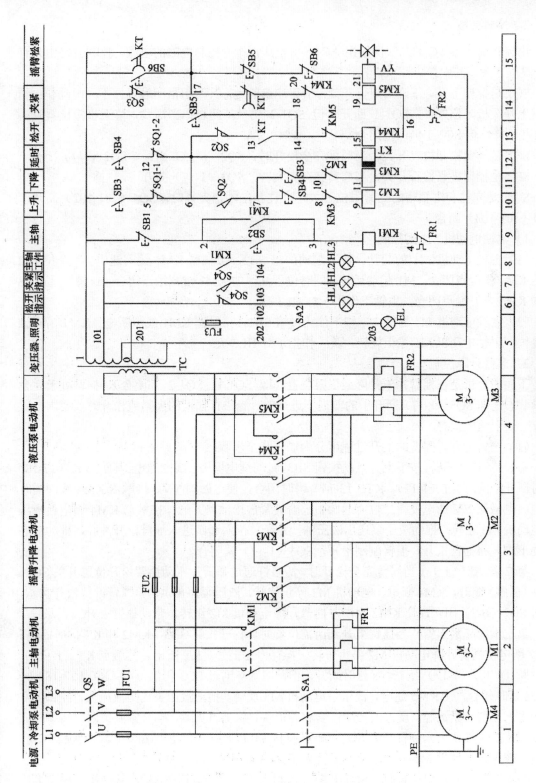

图 6-12 Z3040 型摇臂钻床电气原理图

2. 控制电路

由控制变压器 TC 的二次侧输出 AC110V 电压，作为控制电路的电源。控制电路中共有 4 个限位开关，其中：

SQ1 是摇臂上升、下降的限位开关，值得注意的是，其两组常闭触点并不同时动作：当摇臂上升至极限位置时，SQ1-1 断开，但 SQ1-2 仍保持闭合；当摇臂下降至极限位置时，SQ1-2 断开，但 SQ1-1 仍保持闭合。

SQ2 是摇臂松开检查开关，当摇臂完全松开时，SQ2（6-13）断开，SQ2（6-7）闭合。

SQ3 是摇臂夹紧检查开关，当摇臂完全夹紧时，SQ3（1-17）断开。

SQ4 是立柱和主轴箱的夹紧限位开关，立柱和主轴箱夹紧时，SQ4（101-102）断开，SQ4（101-103）闭合。

1）主轴电动机 M1 的控制

（1）主轴电动机 M1 的起动。按下起动按钮 SB2，接触器 KM1 线圈通电，3 个位于 2 区的 KM1 主触点闭合，M1 起动运转；同时位于 9 区的 KM1 常开触点闭合（自锁），位于 8 区的 KM1 常开触点闭合，主轴工作指示灯 HL3 亮。

（2）主轴电动机 M1 的停止。按下停止按钮 SB1，接触器 KM1 线圈断电，KM1 所有触点复位，主轴电动机 M1 停止旋转，其工作指示灯 HL3 灭。

2）摇臂升降控制

下面的分析是在摇臂并未升降至极限位置（即 SQ1-1、SQ1-2 都闭合）、摇臂处于完全夹紧状态［即 SQ3（1-17）断开］的前提下进行的。当进行摇臂的夹紧或松开时，要求电磁阀 YV 处于通电状态。

（1）摇臂上升。摇臂的上升过程可分为以下几个步骤：

第一步：松开摇臂。按下上升点动按钮 SB3，时间继电器 KT 线圈通电，其触点 KT（17-18）瞬时断开；同时 KT（1-17）、KT（13-14）瞬时闭合，使电磁阀 YV、接触器 KM4 线圈同时通电。电磁阀 YV 通电使得二位六通阀中摇臂夹紧放松油路开通；接触器 KM4 通电使液压泵电动机 M3 正转，拖动液压泵送出液压油，并经二位六通阀进入摇臂松开油腔，推动活塞和菱形块，将摇臂松开，摇臂刚刚松开，SQ3（1-17）就闭合。

第二步：摇臂上升。当摇臂完全松开时，活塞杆通过弹簧片压动摇臂松开位置开关 SQ2，SQ2（6-13）断开，KM4 断电，电动机 M3 停止旋转，液压泵停止供油，摇臂维持松开状态；同时 SQ2（6-7）闭合，使 KM2 通电，摇臂升降电动机 M2 正转，带动摇臂上升。

第三步：夹紧摇臂。当摇臂上升到所需位置时，松开按钮 SB3，KM2 和 KT 同时断电。KM2 断电使摇臂升降电动机 M2 停止正转，摇臂停止上升。KT 断电，其触点 KT（13-14）瞬时断开；KT（1-17）经 1～3s 延时断开，但此时 YV 通过 SQ3 仍然得电；KT（17-18）经 1～3s 延时闭合，使 KM5 通电，液压泵电动机 M3 反转，拖动液压泵送出液压油，经二位六通阀进入摇臂夹紧油腔，反方向推动活塞和菱形块，将摇臂夹紧，当夹紧到位时，活塞杆通过弹簧片压下摇臂夹紧位置开关 SQ3，触点 SQ3（1-17）断开，使电磁阀 YV、接触器 KM5 断电，液压泵电动机 M3 停止运转，摇臂夹紧完成。

当摇臂上升到极限位置时，SQ1-1 断开，相当于"松开按钮 SB3"，其动作过程与上述

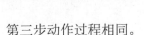

第三步动作过程相同。

时间继电器 KT 是为保证夹紧动作在摇臂升降电动机停止运转后进行而设的，KT 延时长短根据摇臂升降电动机切断电源到停止的惯性大小来调整。

（2）摇臂下降。与摇臂上升过程相反，请读者自行分析。

3）主轴箱和立柱的夹紧与放松控制

主轴箱与摇臂、外立柱与内立柱的夹紧与放松均采用液压夹紧与松开，且两者同时动作。当进行主轴箱和立柱的夹紧或松开时，要求电磁阀 YV 处于断电状态。

（1）主轴箱和立柱松开控制。电磁阀 YV 断电使得二位六通阀中主轴箱和立柱夹紧放松油路开通。此时按下松开按钮 SB5，KM4 通电，M3 电动机正转，拖动液压泵送出液压油，经二位六通阀进入主轴箱和立柱的松开油腔，推动活塞和菱形块，使主轴箱和立柱的夹紧装置松开。当主轴箱和立柱松开时，SQ4 不再受压，SQ4（101-102）闭合，指示灯 HL1 亮，表示主轴箱和立柱确已松开，此时可手动移动主轴箱或转动立柱。

（2）主轴箱和立柱夹紧控制。与主轴箱和立柱松开控制过程相反，请读者自行分析。

当主轴箱和立柱被夹紧时，SQ4（101-103）闭合，指示灯 HL2 亮，表示主轴箱和立柱确已夹紧，此时可以进行钻削加工。

4）冷却泵电动机的控制

扳动开关 SA1 可直接控制冷却泵电动机 M4 的起动与停止。

3．辅助电路

（1）指示电路：主轴箱和立柱松开指示灯 HL1 由 SQ4（101-102）控制，主轴箱和立柱夹紧指示灯 HL2 由 SQ4（101-103）控制，主轴工作指示灯 HL3 由 KM1（101-104）控制。

（2）照明电路：将开关 SA2 旋至接通位置，照明灯 EL 亮；将转换开关 SA2 旋至断开位置，照明灯 EL 灭。

4．保护环节

（1）短路保护：由 FU1、FU2、FU3 分别实现对全电路、M2/M3/TC 一次侧、照明回路的短路保护。

（2）过载保护：由 FR1、FR2 分别实现对主轴电动机 M1、液压泵电动机 M3 的过载保护。

（3）欠、失电压保护：由接触器 KM1、KM2、KM3、KM4、KM5 实现。

（4）安全保护：由行程开关 SQ1 实现。

6.3.3　Z3040 型摇臂钻床电气电路典型故障的分析与检修

Z3040 型摇臂钻床电气电路比较简单，其电气控制的特殊环节是摇臂的运动。摇臂在上升或下降时，摇臂的夹紧机构先自动松开，在上升或下降到预定位置后，其夹紧机构又要将摇臂自动夹紧在立柱上。这个工作过程是由电气、机械和液压系统的紧密配合而实现的。所以，在维修和调试时，不仅要熟悉摇臂运动的电气过程，而且更要注重掌握机-电-液配合的调整方法和步骤。

1. 电源故障

（1）故障描述：现有一台 Z3040 型摇臂钻床，合上电源开关后，操作任一按钮均无反应，照明灯、指示灯也不亮。

（2）故障分析：出现这种"全无"故障首先应检查电源。

（3）故障检修：

① 用万用表测量 QS 进线端任意两相间线电压是否均为 380V。若不是，则故障为上级电源，应逐级查找上级电源的故障点，恢复供电。

② 用万用表测量 QS 出线端任意两相间线电压是否均为 380V。若不是，则故障为 QS，应紧固接线端子或更换 QS。

③ 用万用表测量 FU1 出线端任意两相间线电压是否均为 380V。若不是，则故障为 FU1，应紧固接线端子或更换 FU1。

2. 主轴电动机电路故障

（1）故障描述：现有一台 Z3040 型摇臂钻床，合上电源开关后，按下主轴起动按钮，钻头无反应。初步检查发现主轴电动机不能起动，但其他电动机可以正常运转。

（2）故障分析：由于其他电动机可以正常运转，故只需检查主轴电动机 M1 的主电路和控制电路。

（3）故障检修：断开电动机进线端子，合上电源开关 QS，按下起动按钮 SB2。

① 若接触器 KM1 吸合，则应依次检查 KM1 主触点出线端、FR1 热元件出线端任意两相间线电压：若指示值均为 380V，则故障在电动机，应检修或更换；若指示值不是 380V，则故障在其上级元件，应紧固连接导线端子，检修或更换元件。

② 若接触器 KM 不吸合，则应依次进行检查：停止按钮 SB1 应闭合，启动按钮 SB2 应能闭合，接触器 KM 线圈应完好，热继电器 FR1 常闭触点应闭合，所有连接导线端子应紧固，否则应维修或更换同型号元件，紧固连接导线端子。

3. 摇臂升降电动机电路故障

1）摇臂松开控制回路故障

（1）故障描述：在 Z3040 型摇臂钻床进行钻孔加工的过程中，为调整钻头高度，按下摇臂升降按钮 SB3 或 SB4，发现摇臂没有反应，经进一步检查发现摇臂不能放松。

（2）故障分析：摇臂的放松是由电磁阀 YV 在通电状态下配合液压泵电动机 M3 正转完成的，因此应检查电磁阀 YV 和液压泵电动机 M3 正转的主电路和控制电路。

（3）故障检修：按下摇臂升降按钮 SB3 或 SB4。

① 检查时间继电器 KT 是否动作：

若时间继电器 KT 不动作，依次检查 SB3（1-5）或 SB4（1-12）应能闭合，SQ1-1 或 SQ1-2 应闭合，KT 线圈应完好，所有连接导线端子应紧固等，否则应维修或更换同型号元件，紧固连接导线端子。

若时间继电器 KT 动作，则进入下一步。

② 检查接触器 KM4、电磁阀 YV 是否也立即动作：

若 KM4 不动作,则应依次进行检查:SQ2(6-13)应闭合,KT(13-14)应能闭合,KM5(14-15)应闭合,KM4 线圈应完好,FR2(16-0)应闭合。若 YV 不动作,依次检查 KT(1-17)应能闭合,SB5(17-20)、SB6(20-21)应闭合,YV 应完好。否则,应维修或更换同型号元件,紧固连接导线端子。

若 KM4、YV 也立即动作,则应依次检查、维修 KM4 主触点、FR2 热元件、M3。

2)摇臂夹紧控制回路故障

(1)故障描述:在 Z3040 型摇臂钻床进行钻孔加工的过程中,起动主轴电动机后,按下摇臂升降按钮欲调整钻头高度,液压机构进行放松后,摇臂可按要求进行升降,但升降到位后松开按钮,液压机构不进行夹紧。

(2)故障分析:由于摇臂能放松却不能夹紧,因此应检查液压泵电动机 M3 反转的主电路和控制电路。

(3)故障检修:松开摇臂升降按钮 SB3 或 SB4,检查接触器 KM5 是否动作。

① 若 KM5 不动作,则应依次进行检查:SQ3 应闭合,KT(17-18)应闭合,KM4(18-19)应闭合,KM5 线圈应完好,FR2(16-0)应闭合,否则应维修或更换同型号元件,紧固连接导线端子。

② 若 KM5 动作,则应依次检查、维修 KM5 主触点、FR2 热元件、M3。

3)摇臂升降控制回路故障

(1)故障描述:在 Z3040 型摇臂钻床进行钻孔加工的过程中,起动主轴电动机后,按下摇臂上升按钮欲调整钻头高度,液压机构进行放松后,摇臂没有反应。

(2)故障分析:因摇臂能放松却不能上升,故应检查摇臂升降电动机 M2 正转的主电路和控制电路。

(3)故障检修:检查接触器 KM2 是否动作。

① 若接触器 KM2 动作,则应依次检查、维修 KM2 主触点、M2。

② 若接触器 KM2 不动作,则应依次进行检查:SQ2(6-7)应能闭合,SB4(7-8)、KM3(8-9)应闭合,KM2 线圈应完好,否则应维修或更换同型号元件,紧固连接导线端子。

4. 主轴箱和立柱放松、夹紧电路故障

(1)故障描述:在 Z3040 型摇臂钻床进行钻孔加工的过程中,发现钻出的孔径偏大,且中心偏斜;对主轴箱和立柱进行夹紧操作,发现控制无效。

(2)故障分析:主轴箱和立柱的夹紧是由电磁阀 YV 在断电状态下配合液压泵电动机 M3 反转完成的,因此应检查电磁阀 YV 和液压泵电动机 M3 反转的主电路和控制电路。

(3)故障检修:按下主轴箱和立柱夹紧按钮 SB6,检查接触器 KM5 是否动作。

① 若接触器 KM5 不动作,则应依次进行检查:SB6(1-17)应能闭合,KT(17-18)、KM4(18-19)应闭合,KM5 线圈应完好,FR2(16-0)应闭合,所有连接导线端子应紧固等,否则应维修或更换同型号元件,紧固连接导线端子。

② 若接触器 KM5 动作,则应依次检查维修 KM5 主触点、FR2 热元件、M3、YV。

5. 冷却泵电动机电路故障

（1）故障描述：在 Z3040 型摇臂钻床进行钻孔加工的过程中，发现冷却泵电动机不能工作。

（2）故障分析：该故障相对简单，只需检查 M4 的主电路即可。

（3）故障检修：断开电动机进线端子，合上冷却泵开关 SA1，检查 SA1 出线端三相之间的线电压。

① 若指示值均为 380V，则故障在电动机，应检修或更换。

② 若指示值不是 380V，则故障在 SA1，应紧固连接导线端子，检修或更换 SA1。

 任务实施

1．准备

（1）工具：螺钉旋具（一字、十字）、剥线钳、尖嘴钳、钢丝钳等常用电工工具（每人一套）。

（2）仪表：万用表、绝缘电阻表、钳形电流表（每人各一块）。

（3）器材：Z3040 型摇臂钻床或 Z3040 型摇臂钻床模拟电气控制柜。

2．实施步骤

（1）说明该机床的主要结构、运动形式及控制要求。

（2）说明该机床的工作原理。

（3）说明该机床电气元件的分布位置和走线情况。

（4）人为设置多个故障，使学生根据故障现象，在规定的时间内按照正确的检测步骤诊断、排除其中的两个故障。

 问题思考

1．Z3040 型摇臂钻床 4 个限位开关分别何时动作？何时复位？

2．Z3040 型摇臂钻床若在摇臂未完全夹紧时断电，则恢复供电时会出现什么现象？

3．Z3040 型摇臂钻床为何设置时间继电器？

任务 6.4　M7130 型平面磨床电气电路的故障检修

 任务描述

现有一台出现故障的 M7130 型平面磨床，要求维修电工在规定时间内排除故障。

知识准备

6.4.1　M7130 型平面磨床的主要结构、运动形式及控制要求

1. 主要结构

M7130 型平面磨床主要由床身、工作台、电磁吸盘、砂轮架、滑座、立柱等部分组成，如图 6-13 所示。

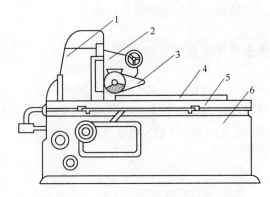

图 6-13　M7130 型平面磨床结构示意图

1一立柱；2一滑座；3一砂轮架；4一电磁吸盘；5一工作台；6一床身

在床身上装有液压传动装置，以便工作台在床身导轨上通过压力油推动活塞做往复直线运动，实现水平方向的进给运动。工作台面上有 T 形槽，用以安装电磁吸盘或直接安装大型工件。床身上固定有立柱，滑座安装在立柱的垂直导轨上，实现垂直方向的进给。在滑座的水平导轨上安装砂轮架，砂轮架由装入式电动机直接拖动，通过滑座内部的液压传动机构实现横向进给。

2. 运动形式

平面磨床砂轮的旋转运动为主运动，工作台完成一次往复运动时，砂轮架做一次间断性的横向进给，直至完成整个平面的磨削，然后砂轮架连同滑座沿垂直导轨做间断性的垂直进给，直至达到工件加工尺寸。

平面磨床的辅助运动有砂轮架在滑座的水平导轨上做快速横向移动，滑座在立柱的垂直导轨上做快速垂直移动，以及工作台往复运动速度的调整等。

3. 电力拖动特点和控制要求

（1）砂轮、液压泵、冷却泵、3 台电动机都只要求单方向旋转。砂轮升降电动机需双向旋转。

（2）冷却泵电动机应随砂轮电动机的开动而开动，若加工中不需要冷却泵，则可单独关断冷却泵电动机。

（3）在正常加工中，若电磁吸盘吸力不足或消失时，砂轮电动机与液压泵电动机应立即停止工作。以防止工件被砂轮切向力打飞而发生人身和设备事故。不加工时，即电磁"吸"盘不工作的情况下，允许砂轮电动机与液压泵电动机开动，机床作调整运动。

（4）电磁吸盘励磁线圈具有吸牢工件的正向励磁、松开工件的断开励磁以及抵消剩磁便于取下工件的反向励磁控制环节。

（5）具有完善的保护环节。各电路的短路保护，各电动机的长期过载保护，零压、欠压保护，电磁吸盘"吸"力不足的欠电流保护，以及线圈断开时产生高电压而危及电路中其他电器设备的过压保护等。

（6）具有机床安全照明电路与工件去磁的控制环节。

6.4.2 M7130 型平面磨床电气原理图分析

M7130 型平面磨床的电气原理图如图 6-14 所示。其电气设备安装在床身后部的壁盒内，控制按钮安装在床身左前部的电气操纵盒上。图中 M1 为砂轮电动机，M2 为冷却泵电动机，都由 KM1 的主触点控制，经 X1 插座向 M2 实现单独判断控制供电。M3 为液压泵电动机，由 KM2 的主触点控制。

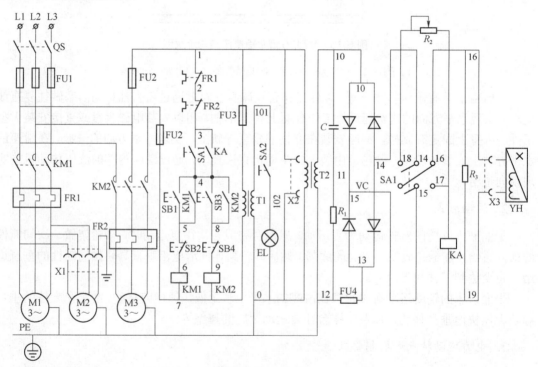

图 6-14　M7130 型平面磨车的电气原理图

1. 控制电路

合上电源开关 QS，若转换开关 SA1 处于工作位置，当电源电压正常时，欠电流继电器

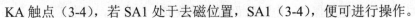

KA 触点（3-4），若 SA1 处于去磁位置，SA1（3-4），便可进行操作。

（1）砂轮电动机 M1 的控制。起动过程：按下 SB1，SB1（4-5）——KM1——M1 起动。停止过程：按下 SB2，SB2（5-6）——KM1——M1 停止。

（2）冷却泵电动机 M2 的控制。M2 由于通过插座 X1 与 KM1 主触点相连，因此 M2 与砂轮电动机 M1 联锁控制，都由 SB1 和 SB2 操作。若运行中 M1 或 M2 过载，触点 FR1（1-2）动作，FR1 起保护作用。

（3）液压泵电动机 M3 的控制。起动过程：按下 SB3，SB3（4-8）——KM2——M3 起动。停止过程：按下 SB4，SB4（8-9）——KM2——M3 停止。过载时：FR2（2-3）——KM2——M3 停止，FR2 起保护作用。

2. 电磁吸盘结构原理

电磁吸盘与机械夹紧装置相比，具有夹紧迅速、不损伤工件、工作效率高、能同时吸持多个小工件、加工过程中工件发热可以自由伸延、加工精度高等优点。但也有夹紧力不如机械夹得紧、调节不便、需用直流电源供电、不能吸持非磁性材料工件等缺点。

电磁吸盘 YH 控制电路如图 6-14 所示，它由整流装置、控制装置及保护装置等部分组成。电磁吸盘整流装置由整流变压器 T2 与桥式全波整流器 VC 组成，输出 110V 直流电压对电磁吸盘供电。

电磁吸盘集中由 SA1 控制。SA1 的位置及触点闭合情况如下：

充磁：触点 14-16、15-17 接通，电流通路为 15-17-KA-19-YH-16-14。

断电：所有触点都断开。

退磁：触点 14-18、15-16、3-4（调整）接通，通路为 15-16-YH-19—KA—R_2-18-14。

当 SA1 置于"充磁"位置时，电磁吸盘 YH 获得 110 V 直流电压，其极性 19 号线为正极，16 号线为负极，同时欠电流继电器 KA 与 YH 串联，若吸盘电流足够大，则 KA 动作，KA（3-4）反映电磁吸盘吸力足以将工件吸牢，这时可分别操作按钮 SB1 与 SB3，起动 M1 与 M3，进行磨削加工。当加工完成时，按下停止按钮 SB2 与 SB4，电动机 M1、M2 与 M3 停止旋转。

为便于从吸盘上取下工件，需对工件进行退磁，其方法是将开关 SA1 扳至"退磁"位置。当 SA1 扳至"退磁"位置时，电磁吸盘中通入反向电流，并在电路中串入可变电阻 R_2，用以调节、限制反向去磁电流的大小，达到既退磁又不致反向磁化的目的。退磁结束，将 SA1 拨到"断电"位置，即可取下工件。若工件对去磁要求严格，在取下工件后，还要用交流去磁器进行处理。交流去磁器是平面磨床的一个附件，使用时，将交流去磁器插头插在床身的插座 X2 上，再将工件放在去磁器上适当地来回移动，即可去磁。

3. 保护及其他环节

（1）电磁吸盘的欠电流保护。为了防止平面磨床在磨削过程中出现断电事故或吸盘电流减小致使电磁吸盘失去吸力或吸力减小，造成工件飞出，引起工件损坏或人身事故，故在电磁吸盘线圈电路中串入欠电流继电器 KA，只有当直流电压符合要求，吸盘具有足够吸力时，KA 才能吸合，KA（3-4）触点接通，为起动电动机做准备，否则不能开动磨床进行加工。若已在磨削加工中，则 KA 因电流过小而释放，触点 KA（3-4）断开，使得 KM_1、KM_2、M_1 停止，避免事故发生。

（2）电磁吸盘线圈 YH 的过电压保护。电磁吸盘线圈匝数多，电感大，通电工作时存储大量磁场能量。当线圈断电时在线圈两端将产生高电压，可能使线圈绝缘及其他电气设备损坏。为此，该机床在线圈两端并联了电阻 R_3 作为放电电阻。

（3）电磁吸盘的短路保护。在整流变压器 T2 的二次侧或整流装置输出端装有熔断器作短路保护。

（4）其他保护。在整流装置中还设有 RC 串联支路并联在 T2 二次侧，用以吸收交流电路产生过的电压和直流侧电路通断时在 T2 二次侧产生的浪涌电压，实现整流装置过电压保护。

FU1 对电动机进行短路保护，FR1 对 M1 进行过载保护，FR2 对 M3 进行过载保护。

（5）照明电路。由照明变压器 T1 将 380V 降为 24V，并由开关 SA2 控制照明灯 EL。在T1 一次侧装有熔断器 FU3 作短路保护。

6.4.3 M7130 型平面磨床电气电路典型故障的分析与检修

1. 三台电动机都不能起动

（1）欠电流继电器 KA 的常开触点接触不良、转换开关 QS2 的触点（3-4）接触不良、接线松脱或有油垢。检修故障时，应将转换开关 SA1 扳至"吸合"位置，检查欠电流继电器 KA 常开触点的接通情况，不通则修理或更换元件。否则，将转换开关 SA1 扳到"退磁"位置，拔掉电磁吸盘插头，检查 SA1 触点的通断情况，不通则修理或更换转换开关。

（2）若 KA 和 QS2 的触点无故障，电动机仍不能起动，可检查热继电器 FR1、FR2 的常闭触点是否动作或接触不良。

2. 电磁吸盘无吸力

（1）首先用万用表测三相电源电压是否正常。若电源电压正常，再检查熔断器 FU1、FU2、FU4 有无熔断现象。常见的故障是熔断器 FU4 熔断，电磁吸盘电路断开使吸盘无吸力。

（2）如果整流器输出空载电压正常，而接上吸盘后，输出电压下降不大，欠电流继电器 KA 不动作，吸盘无吸力。依次检查电磁吸盘 YH 的线圈、插座 X2、欠电流继电器 KA 的线圈有无断路或接触不良的现象。检修故障时，可使用万用表测量各点的电压，查出故障元件，进行修理或更换。

3. 电磁吸盘吸力不足

引起这种故障的原因是电磁吸盘损坏或整流器输出电压不正常。电磁吸盘的电源电压由整流器 VC 供给。空载时，整流器直流输出电压应为 130～140V，负载时不应低于 110V。若整流器空载输出电压正常，带负载时电压远低于 110V，则表明电磁吸盘线圈已短路，短路点多发生在线圈各绕组间的引线接头处。这是由于吸盘密封不好，切削液流入，引起绝缘损坏，造成线圈短路。若短路严重，过大的电流会使整流元件和整流变压器烧坏。出现这种故障，必须更换电磁吸盘线圈，并且要处理好线圈绝缘，安装时要完全密封好。

若电磁吸盘电源电压不正常，多是因为整流元件短路或断路造成的，应检查整流器 VC 的交流侧电压及直流侧电压。若交流侧电压正常，直流输出电压不正常，则表明整流器发生元件短路或断路故障。若某一桥臂的整流二极管发生断路，将使整流输出电压降低到额定电

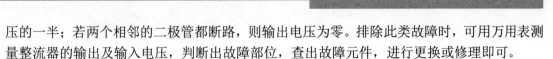

压的一半；若两个相邻的二极管都断路，则输出电压为零。排除此类故障时，可用万用表测量整流器的输出及输入电压，判断出故障部位，查出故障元件，进行更换或修理即可。

4. 电磁吸盘退磁不好使工件取下困难

（1）退磁电路断路，根本没有退磁。

① 检查转换开关 QS2 接触是否良好。

② 退磁电阻 R_2 是否损坏。

（2）退磁电压过高。

应调整电阻 R_2，使退磁电压调至 5～10V。

（3）退磁时间太长或太短。

对于不同材质的工件，所需的退磁时间不同，注意掌握好退磁时间。

5. 砂轮电动机的热继电器 FR1 经常脱扣

（1）砂轮电动机 M1 为装入式电动机，它的前轴承是铜瓦，易磨损。磨损后易发生堵转现象，使电流增大，导致热继电器脱扣。若是这种情况，应修理或更换轴瓦。

（2）砂轮进刀量太大，电动机超负荷运行，造成电动机堵转，电流急剧上升，热继电器脱扣。因此，工作中应选择合适的进刀量，防止电动机超载运行。

（3）更换后的热继电器规格选得太小或整定电流没有重新调整，使电动机未达到额定负载时，热继电器就已脱扣。因此，应注意热继电器必须按其被保护电动机的额定电流进行选择和调整。

6. 冷却泵电动机烧坏

（1）切削液进入电动机内，造成匝间或绕组间短路，使电流增大。

（2）反复修理冷却泵电动机后，使电动机端盖轴隙增大，造成转子在定子内不同心，工作时电流增大，电动机长时间过载运行。

（3）冷却泵被杂物塞住引起电动机堵转，电流急剧上升。由于该磨床的砂轮电动机与冷却泵电动机共用一个热继电器 FR1，而且两者容量相差太大，当发生以上故障时，电流增大不足以使热继电器 FR1 脱扣，从而造成冷却泵电动机烧坏。若给冷却泵电动机加装热继电器，就可以避免发生这种故障。

 任务实施

1. 准备

（1）工具：螺钉旋具（一字、十字）、剥线钳、尖嘴钳、钢丝钳等常用电工工具（每人一套）。

（2）仪表：万用表、绝缘电阻表、钳形电流表（每人各一块）。

（3）器材：M7130 型平面磨床或 M7130 型平面磨床模拟电气控制柜。

2. 实施步骤

（1）说明该机床的主要结构、运动形式及控制要求。

（2）说明该机床的工作原理。

（3）说明该机床电气元件的分布位置和走线情况。

（4）人为设置多个故障，使学生根据故障现象，在规定的时间内按照正确的检测步骤诊断、排除其中的两个故障。

 问题思考

1．M7130 型平面磨床用电磁吸盘来夹持工件有什么好处？电磁吸盘线圈为何要用直流线圈而不用交流线圈？

2．M7130 型平面磨床控制电路中欠电流继电器 KA 起什么作用？

3．M7130 型平面磨床具有哪些保护环节？各是由什么电气元件实现的?

任务 6.5　T68 卧式镗床电气电路的故障检修

 任务描述

现有一台出现故障的 T68 卧式镗床，要求维修电工在规定时间内排除故障。

 知识准备

6.5.1　T68 卧式镗床的主要结构、运动形式及控制要求

1．主要结构及运动形式

1）主要结构

T68 卧式镗床结构如图 6-15 所示。

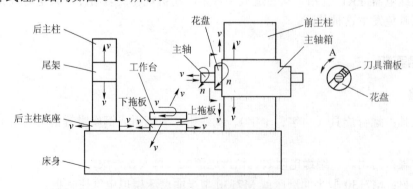

图 6-15　T68 卧式镗床结构

2）运动形式：（在图 6-15 中用箭头表示）

（1）主运动：镗杆（主轴）旋转或平旋盘（花盘）旋转。

（2）进给运动：主轴轴向（进、出）移动、主轴箱（镗头架）的垂直（上、下）移动、花盘刀具溜板的径向移动、工作台的纵向（前、后）和横向（左、右）移动。

（3）辅助运动：工作台的旋转运动、后立柱的水平移动和尾座的垂直移动。

主体运动和各种常速进给由主轴电动机 1M 驱动，但各部分的快速进给运动是由快速进给电动机 2M 驱动的。

2．控制要求

（1）因机床主轴调速范围较大，且恒功率，主轴与进给电动机 1M 采用△/YY 双速电动机。低速时，1U1、1V1、1W1 接三相交流电源，1U2、1V2、1W2 悬空，定子绕组接成三角形，每相绕组中两个线圈串联，形成的磁极对数 P=2；高速时，1U1、1V1、1W1 短接，1U2、1V2、1W2 接电源，电动机定子绕组接成双星形（YY），每相绕组中的两个线圈并联，磁极对数 P=1。高、低速的变换由主轴孔盘变速机构内的行程开关 SQ7 控制，其动作说明如表 6-7 所示。

表 6-7　主电动机高、低速变换行程开关动作说明

触点　　　　　位置	主电动机低速	主电动机高速
SQ7（11-12）	关	开

（2）主电动机 1M 可正、反转连续运行，也可点动控制，点动时为低速。主轴要求快速、准确制动，故采用反接制动，控制电器采用速度继电器。为限制主电动机的起动和制动电流，在点动和制动时，定子绕组串入电阻 R。

（3）主电动机低速时直接起动。高速运行是由低速起动延时后再自动转成高速运行的，以减小起动电流。

（4）在主轴变速或进给变速时，主电动机需要缓慢转动，以保证变速齿轮进入良好啮合状态。主轴和进给变速均可在运行中进行，变速操作时，主电动机便做低速断续冲动，变速完成后又恢复运行。主轴变速时，电动机的缓慢转动是由行程开关 SQ3 和 SQ5 完成的，进给变速时是由行程开关 SQ4 和 SQ6 以及速度继电器 KS 共同完成的，如表 6-8 所示。

表 6-8　主轴变速和进给变速时行程开关动作说明

触点　　位置	变速孔盘拉出（变速时）	变速后变速孔盘推回	触点　　位置	变速孔盘拉出（变速时）	变速后变速孔盘推回
SQ3（4-9）	－	＋	SQ4（9-10）	－	＋
SQ3（3-13）	＋	－	SQ4（3-13）	＋	－
SQ5（15-14）	＋	－	SQ6（15-14）	＋	－

注：表中"＋"表示触点接通，"－"表示触点断开。

6.5.2　T68 卧式镗床电气原理图分析

T68 卧式镗床电气原理图如图 6-16 所示。

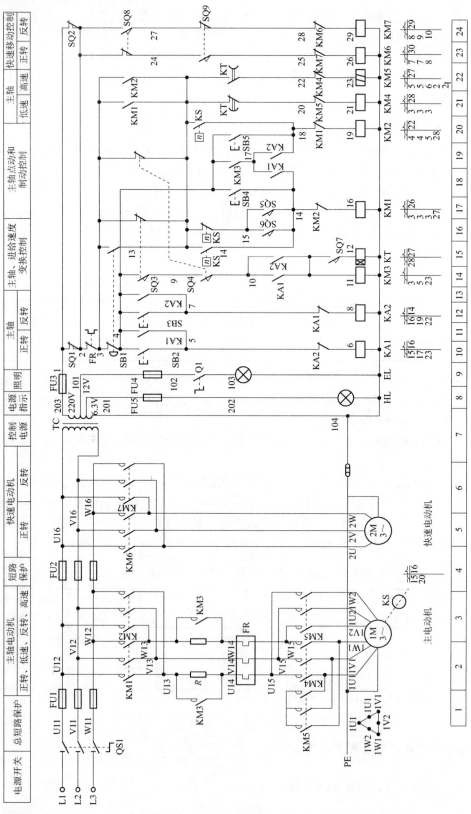

图 6-16 T68 卧式镗床电气原理图

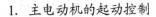

1. 主电动机的起动控制

1）主电动机的点动控制

主电动机的点动有正向点动和反向点动，分别由按钮 SB4 和 SB5 控制。按 SB4，接触器 KM1 线圈通电吸合，KM1 的辅助常开触点（3-13）闭合，使接触器 KM4 线圈通电吸合，三相电源经 KM1 的主触点、电阻 R 和 KM4 的主触点接通主电动机 1M 的定子绕组，接法为三角形，使电动机在低速下正向旋转。松开 SB4，主电动机断电停止。

反向点动与正向点动控制过程相似，由按钮 SB5、接触器 KM2、KM4 来实现。

2）主电动机的正、反转控制

当要求主电动机正向低速旋转时，行程开关 SQ7 的触点（11-12）处于断开位置，主轴变速和进给变速用行程开关 SQ3（4-9）、SQ4（9-10）均为闭合状态。按 SB2，中间继电器 KA1 线圈通电吸合，它有三对常开触点，KA1 常开触点（4-5）闭合自锁；KA1 常开触点（10-11）闭合，接触器 KM3 线圈通电吸合，KM3 主触点闭合，电阻 R 短接；KA1 常开触点（17-14）闭合及 KM3 的辅助常开触点（4-17）闭合，使接触器 KA1 线圈通电吸合，并将 KA1 线圈自锁。KA1 的辅助常开触点（3-13）闭合，接通主电动机低速用接触器 KM4 线圈，使其通电吸合。由于接触器 KA1、KA3、KA4 的主触点均闭合，故主电动机在全电压、定子绕组三角形联结下直接起动，低速运行。

当要求主电动机为高速旋转时，行程开关 SQ7 的触点（11-12）、SQ3（4-9）、SQ4（9-10）均处于闭合状态。按 SB2 后，一方面 KA1、KM3、KM1、KM4 的线圈相继通电吸合，使主电动机在低速下直接起动；另一方面由于 SQ7（11-12）的闭合，时间继电器 KT（通电延时式）线圈通电吸合，经延时后，KT 的通电延时断开的常闭触点（13-20）断开，KM4 线圈断电，主电动机的定子绕组脱离三相电源，而 KT 的通电延时闭合的常开触点（13-22）闭合，使接触器 KM5 线圈通电吸合，KM5 的主触点闭合，将主电动机的定子绕组接成双星形后，重新接到三相电源，故从低速起动转为高速旋转。

主电动机的反向低速或高速的起动旋转过程与正向起动旋转过程相似，但是反向起动旋转所用的电器为按钮 SB3，中间继电器 KA2，接触器 KM3、KM2、KM4、KM5，时间继电器 KT。

2. 主电动机的反接制动的控制

当主电动机正转时，速度继电器 KS 正转，常开触点 KS（13-18）闭合，而正转的常闭触点 KS（13-15）断开。主电动机反转时，KS 反转，常开触点 KS（13-14）闭合，为主电动机正转或反转停止时的反接制动做准备。按停止按钮 SB1 后，主电动机的电源反接，迅速制动，转速降至速度继电器的复位转速时，其常开触点断开，自动切断三相电源，主电动机停转。具体的反接制动过程如下所述：

1）主电动机正转时的反接制动

设主电动机为低速正转时，电器 KA1、KM1、KM3、KM4 的线圈通电吸合，KS 的常开触点 KS（13-18）闭合。按 SB1，SB1 的常闭触点（3-4）先断开，使 KA1、KM3 线圈断电，KA1 的常开触点（17-14）断开，又使 KM1 线圈断电，一方面使 KM1 的主触点断开，主电动机脱离三相电源；另一方面使 KM1（3-13）分断，使 KM4 断电。SB1 的常开触点（3-13）

随后闭合，使 KM4 重新吸合，此时主电动机由于惯性，转速还很高，KS（13-18）仍闭合，故使 KM2 线圈通电吸合并自锁，KM2 的主触点闭合，使三相电源反接后经电阻 R、KM4 的主触点接到主电动机定子绕组，进行反接制动。当转速接近零时，KS 正转常开触点 KS（13-18）断开，KM2 线圈断电，反接制动完毕。

2）主电动机反转时的反接制动

反转时的制动过程与正转制动过程相似，但是所用的电器是 KM1、KM4、KS 的反转常开触点 KS（13-14）。

3）主电动机工作在高速正转及高速反转时的反接制动过程

可仿上自行分析。在此仅指明，高速正转时反接制动所用的电器是 KM2、KM4、KS（13-18）触点；高速反转时反接制动所用的电器是 KM1、KM4、KS（13-14）触点。

3. 主轴或进给变速时主电动机的缓慢转动控制

主轴或进给变速既可以在停车时进行，又可以在镗床运行中进行。为使变速齿轮更好地啮合，可接通主电动机的缓慢转动控制电路。

当主轴变速时，将变速孔盘拉出，行程开关 SQ3 常开触点 SQ3（4-9）断开，接触器 KM3 线圈断电，主电路中接入电阻 R，KM3 的辅助常开触点（4-17）断开，使 KM1 线圈断电，主电动机脱离三相电源。所以，该机床可以在运行中变速，主电动机能自动停止。旋转变速孔盘，选好所需的转速后，将孔盘推入。在此过程中，若滑移齿轮的齿和固定齿轮的齿发生顶撞，则孔盘不能推回原位，行程开关 SQ3、SQ5 的常闭触点 SQ3（3-13）、SQ5（15-14）闭合，接触器 KM1、KM4 线圈通电吸合，主电动机经电阻 R 在低速下正向起动，接通瞬时点动电路。主电动机的转速达某一转速时，速度继电器 KS 正转，常闭触点 KS（13-15）断开，接触器 KM1 线圈断电，而 KS 正转常开触点 KS（13-18）闭合，使 KM2 线圈通电吸合，主电动机反接制动。当转速降到 KS 的复位转速后，KS 常闭触点 KS（13-15）又闭合，常开触点 KS（13-18）又断开，重复上述过程。这种间歇的起动、制动，使主电动机缓慢旋转，以利于齿轮的啮合。若孔盘退回原位，则 SQ3、SQ5 的常闭触点 SQ3（3-13）、SQ5（15-14）断开，切断缓慢转动电路。SQ3 的常开触点 SQ3（4-9）闭合，使 KM3 线圈通电吸合，其常开触点（4-17）闭合，又使 KM1 线圈通电吸合，主电动机在新的转速下重新起动。

进给变速时的缓慢转动控制过程与主轴变速相同，不同的是使用的电器是行程开关 SQ4、SQ6。

4. 主轴箱、工作台或主轴的快速移动

该机床各部件的快速移动，是由快速手柄操纵快速移动电动机 2M 拖动完成的。当快速手柄扳向正向快速位置时，行程开关 SQ9 被压动，接触器 KM6 线圈通电吸合，快速移动电动机 2M 正转。同理，当快速手柄扳向反向快速位置时，行程开关 SQ8 被压动，KM7 线圈通电吸合，2M 反转。

5. 主轴进刀与工作台联锁

为防止镗床或刀具的损坏，主轴箱和工作台的机动进给在控制电路中必须互相联锁，不能同时接通，它由行程开关 SQ1、SQ2 实现。当同时有两种进给时，SQ1、SQ2 均被压动，

切断控制电路的电源，避免机床或刀具的损坏。

6.5.3　T68 卧式镗床电气电路典型故障的分析与检修

（1）主轴的转速与转速指示牌不符。

这种故障一般有两种现象：一种是主轴的实际转速比标牌指示数增加一倍或减少一半；另一种是电动机的转速没有高速挡或者没有低速挡。这两种故障现象，前者大多由于安装调整不当引起，因为 T68 镗床有 18 种转速，是采用双速电动机和机械滑移齿轮来实现的。变速后，1、2、4、6、8……挡是电动机以低速运转驱动，而 3、5、7、9……挡是电动机以高速运转驱动。主轴电动机的高、低速转换是靠微动开关 SQ7 的通断来实现的，微动开关 SQ7 安装在主轴调速手柄的旁边，主轴调速机构转动时推动一个撞钉，撞钉推动簧片使微动开关 SQ7 通或断，如果安装调整不当，使 SQ7 动作恰恰相反，则会发生主轴的实际转速比标牌指示数增加一倍或减少一半。

后者的故障原因较多，常见的是时间继电器 KT 不动作，或微动开关 SQ7 安装的位置移动，造成 SQ7 始终处于接通或断开的状态等。若 KT 不动作或 SQ7 始终处于断开状态，则主轴电动机 1M 只有低速；若 SQ7 始终处于接通状态，则 1M 只有高速。但要注意，如果 KT 虽然吸合，但由于机械卡住或触点损坏，使常开触点不能闭合，则 1M 也不能转换到高速挡运转，而只能在低速挡运转。

（2）主轴变速手柄拉出后，主轴电动机不能"冲动"。

这种故障一般有两种现象：一种是变速手柄拉出后，主轴电动机 1M 仍以原来的转向和转速旋转；另一种是变速手柄拉出后，1M 能反接制动，但制动到转速为零时，不能进行低速"冲动"。产生这两种故障现象的原因，前者多数是由于行程开关 SQ3 的常开触点 SQ3（4-9）由于质量等原因绝缘被击穿造成。而后者则由于行程开关 SQ3 和 SQ5 的位置移动、触点接触不良等，使触点 SQ3（3-13）、SQ5（14-15）不能闭合或速度继电器的常闭触点 KS（13-15）不能闭合所致。

（3）主轴电动机 1M 不能进行正反转点动、制动及主轴和进给变速"冲动"控制。

产生这种故障的原因，往往是上述各种控制电路的公共回路出现故障。如果同时不能进行低速运行，则故障原因可能是在控制线路 13-20-21-0 中有断开点，否则，可能在主电路的制动电阻器 R 及引线上有断开点。当主电路仅断开一相电源时，电动机还会伴有断相运行时发出的"嗡嗡"声。

（4）主轴电动机正转点动、反转点动均正常，但不能正反转。

故障原因可能是在控制线路 4-9-10-11-KM3 线圈-0 中有断开点。

（5）主轴电动机正转、反转均不能自锁。

故障可能在 4-KM3（4-17）常开触点-17 中。

（6）主轴电动机不能制动。

可能原因如下：

① 速度继电器损坏。

② SB1 中的常开触点接触不良。

③ 3、13、14、16 号线中有脱落或断开。

④ KM2（14-16）、KM1（18-19）触点不通。

（7）主轴电动机点动、低速正反转及低速接制动均正常，但高、低速转向相反，且当主轴电动机高速运行时，不能停机。

可能的原因是误将三相电源在主轴电动机高速和低速运行时，都接成同相序，把 1U2、1V2、1W2 中任两根对调即可。

（8）不能快速进给。

故障原因可能是在 2-24-25-26-KM6 线圈-0 中有断路。

 任务实施

1．准备

（1）工具：螺钉旋具（一字、十字）、剥线钳、尖嘴钳、钢丝钳等常用电工工具（每人一套）。

（2）仪表：万用表、绝缘电阻表、钳形电流表（每人各一块）。

（3）器材：T68 卧式镗床或 T68 卧式镗床模拟电气控制柜。

2．实施步骤

（1）说明该机床的主要结构、运动形式及控制要求。

（2）说明该机床的工作原理。

（3）说明该机床电气元件的分布位置和走线情况。

（4）人为设置多个故障，使学生根据故障现象，在规定的时间内按照正确的检测步骤诊断、排除其中的两个故障。

 问题思考

1．T68 卧式镗床是如何实现变速时的连续反复低速"冲动"的？

2．T68 卧式镗床主电动机电气控制具有什么特点？

3．T68 卧式镗床电气控制具有哪些控制特点？

参 考 文 献

［1］王秀丽，李瑞福．电机控制及维修［M］．北京：化学工业出版社，2012.

［2］李瑞福．工厂电气控制技术［M］．北京：化学工业出版社，2010.

［3］赵红顺．电气控制技术实训［M］．北京：机械工业出版社，2011.

［4］朱平．电工技术实训（第2版）［M］．北京：机械工业出版社，2011.

［5］李德俊．电机控制与维修［M］．北京：化学工业出版社，2009.

［6］于润伟．机床电气系统检测与维修［M］．北京：高等教育出版社，2009.

［7］袁维义．电机及电气控制［M］．北京：化学工业出版社，2006.

［8］周元一．电机与电气控制［M］．北京：机械工业出版社，2006.

［9］付家才．电气控制工程实践技术［M］．北京：化学工业出版社，2004.

［10］李益民，刘小春．电机与电气控制技术［M］．北京：高等教育出版社，2006.

［11］王炳实，王兰军．机床电气控制（第4版）［M］．北京：机械工业出版社，2010.

［12］何焕山．工厂电气控制设备［M］．北京：高等教育出版社，2005.

参考文献